Nüzhuang Banxing Sheji

女装版型设计

- ⊕ **主　编**　周硕珣　曾澄波
- ⊕ **副主编**　杨雄辉　汤广泽　李高成
- ⊕ **编　委**　石树勇　周洪梅　廉亚萍　彭西银
　　　　　　　宋　炬　叶　文　邓　超

华南理工大学出版社
SOUTH CHINA UNIVERSITY OF TECHNOLOGY PRESS
·广州·

图书在版编目（CIP）数据

女装版型设计/周硕珣，曾澄波主编. — 广州：华南理工大学出版社，2016.7
ISBN 978 - 7 - 5623 - 4969 - 3

Ⅰ．①女…　Ⅱ．①周…　②曾…　Ⅲ．①女服 – 服装设计 – 纸样设计 – 高等
职业教育 – 教材　Ⅳ．①TS941.717

中国版本图书馆 CIP 数据核字（2016）第 114488 号

女装版型设计

周硕珣　曾澄波　主编

出 版 人：卢家明

出版发行：华南理工大学出版社

　　　　　（广州五山华南理工大学 17 号楼　邮编：510640）

　　　　　http://www.scutpress.com.cn　E-mail: scutc13@scut.edu.cn

　　　　　营销部电话：020 - 87113487　87111048（传真）

策划编辑：刘　军

责任编辑：骆　婷　庄　彦

印 刷 者：广州市穗彩印务有限公司

开　　本：787 mm×1092 mm　1/16　印张：9.25　字数：208 千

版　　次：2016 年 7 月第 1 版　2016 年 7 月第 1 次印刷

印　　数：1～2 000 册

定　　价：28.00 元

前　言

　　服装结构设计是服装成衣生产中的一个重要环节，任务是对服装的构成及各部件间的组合关系进行设计，通过对服装款式结构进行展开分割等方法，以阐述服装平面结构为主要内容的一门专业性、实践性很强的课程。

　　今时今日，纺织服装制造业的升级变化呈现新的格局，企业需要大量创新型技术人才，这对我们的教学提出了新的挑战。教材是实施教学计划的主要载体，也是专业教学改革和课程建设成果的具体体现。长期以来，服装结构设计未能跳出学科体系的束缚，其关键问题就是教材建设还没真正贯彻"教、学、做"一体化的教育理念，脱离了生产实际，始终不能适应产业岗位的真正需要。

　　在多年的教学中编者发现：很多同学对于服装结构设计的基本原理比较容易掌握，但对服装细节的把握上还存在不足和缺陷，而最大的难点就在于同学们缺乏将服装的结构与其造型做到完美结合的能力。造成如此现象的原因是多方面的，有学生经验方面的问题、教学模式的问题、教材结构问题，等等。因此，在编写此教材的过程中，编者始终考虑的问题是：如何能简洁、清晰、明白地向学生阐明服装结构设计的基本原理及其变化规律。

　　本教材贯彻高等职业院校课程改革精神，充分考虑高等职业院校就业实际，以模块教学、专题项目导向的思路编写。本书以服装企业生产制单为主要依据，注意与实践知识的衔接，突出以实用性内容为主，充分体现实用性、针对性、简约性和直观性的特点；注重与产业实践的结合程度，体现了为培养高技能人才服务的特色，突出了服装设计行业的特点。本教材在内容上不追求"多""全"，只求"精"。通过校企合作企业提供真实的项目订单款式，围绕其结构特征来学习服装结构变化规律，使学生能较快掌握服装结构设计的基本技巧。在款式制图方面，一方面注重培养学生的款式分析能力，因为这种能力培养在服装工业化生产中是相当重要的；另一方面注重引导学生在制版中力求标准规范统一，促使学生养成严谨的制图习惯，以适应今后工作的需要。本教材在编写过程中充分考虑艺术学生的认知规律，采用大量形象化的图例来代替文字描述，使教材内容更直观更明了，便于学生理解和掌握有关的学习内容，有利于激发学生学习的兴趣，更好地培养他们的自学能力。

　　本教材图文并茂、深入浅出，具有很强的实用性、操作性和针对性。不仅是服装设计专业教学的好教材，而且也是学生进行自我训练和自主实践的优秀指导书。本书在编写过程中注意遵从学生的认知规律和教学内容的系统性，力求做到层次清晰、语言简练，便于学生循序渐进地系统实践。

在本书的编写过程中，各职业院校服装设计专业任教的教师给了大量好的建议。本书由周硕珣、曾澄波担任主编，杨雄辉、汤广泽、李高成担任副主编，石树勇、周洪梅等老师参与编写。在此对提供相关理论依据的同事表示深深的感谢！周洪梅老师负责完成了相关资料的整理校对工作，谢金沅、林建航、黄颖、李家明、罗伙薪、何碧兴、陈嘉娜、林秀等同学为本书的插图做了大量辛苦的工作，在此一并表示衷心的感谢！

本书的完成还得益于广州伊都服装有限公司张炯怀经理、广州汇弛服饰有限公司钟沅豪经理、广州圣玲时装有限公司赵福民经理的大力支持，同时教材中也收录了他们企业的生产项目制单作为学生课外的拓展训练。他们的参与使本教材增色不少，同时也确保了教材内容能够与企业生产实际紧密结合，无疑是校企合作的重要成果。

由于编者水平有限，书中疏漏及不尽如人意之处在所难免，恳请专家、同行赐教指正。

编　者
2016 年 5 月

目 录

基础专题模块

实训项目一： 服装制图工具与常识

规范的、合理的、科学的服装版型纸样，是保证服装生产顺利进行和产品综合质量的前提。要制作出高质量的服装纸样，除了要掌握必需的专业理论和实践经验技巧，还需要掌握正确的制图方法，正确地使用制版工具，养成正确的制版工作习惯，以及制定合理的规格与规格系列。

任务1：制图工具及用途

能力目标：

能够熟练运用服装制图工具进行制版

知识目标：

1. 掌握服装版型制图的分类
2. 掌握各种制图工具的使用

一、服装版型制图的种类

因受穿衣观念、文化背景、行业习惯的影响，服装结构制图形成了多种类型。目前国际流行的版型设计方法主要有平面结构与立体结构相配合的方法。从实际运用中来看，立体结构有利于获得新的结构外形，比较适合非常规的一些时装结构运用。如何最终获得纸样，不同的版型师有不同的习惯，无论采取哪种方法，对人体基本结构与体型特征熟知，对人体外形运动规律的把握，都是实现完美服装版型结构设计的重要前提。

平面制图种类很多，主要有比例裁剪法、原型法，本书中的实践案例主要运用的就是这两种制图方法。

1. 比例制图法

比例制图法的应用在我国历史悠久，因能适应服装行业的应用习惯，至今仍是一种主流的制图方法，同时也是企业版型技术人员主要使用的方法之一。对于一些普通标准、传统的款式，如衬衫、西装等，套用比例公式计算后，可以迅速得到版型结构。比例制图是在人体测量数据的基础上，根据造型需要加放松量后形成成衣规格；再以成衣规格为计算基数，按照一定的比例（1/3，1/4，1/5，1/6，1/10 等）计算出制图所需各个控制点的位置及尺寸，最后用不同的线条连接各控制点形成平面制图。这种制图方法具有直观性强、效率高、简单易学的优点。

下面以衣片为例介绍比例制图法。

（1）胸围是成品尺寸：常用公式 $B/4$。

（2）领口：领围计算通常有两种方法，一种用胸围计算 $B/12$，一种用领围计算 $N/5$。

（3）肩斜：通常可以用定量法和公式计算法确定。采用定量法就可以省去计算的麻烦，普通衬衣前肩斜 $5\sim6$ cm，后肩斜 $4.5\sim5.5$ cm，有垫肩的将肩斜适当提高 $0.5\sim2$ cm；公式计算法通常用 $SW/10$。

（4）肩宽：根据测量得出的全肩宽，按人体比例 $1/2$ 肩宽，计算出前后衣片的肩宽。

（5）袖窿深：通常有两种方法，一种计算上平线到胸围线的距离，用 $B/4$ 计算，此种方法计算适合运动休闲类服装；一种计算肩斜点到胸围线的距离，此方法比较精确。但袖窿深度随着季节和款式的宽松程度不同而变化，夏天衬衣为 $B/6+（1\sim2）$，春秋上衣为 $B/6+（2\sim4）$，冬季大衣为 $B/6+（4\sim6）$。

（6）胸高点：身高为 155 cm，160 cm，165 cm，170 cm，175 cm 对应胸高点分别为 23 cm，24 cm，25 cm，26 cm，27 cm；乳距为 17 cm，18 cm，19 cm，20 cm，21 cm。

（7）胸省：胸省的大小一般人为 $2.5\sim3.5$ cm，取 3 cm 比较合适。胸省量和服装胸部造型合体程度关系密切，当胸省量为 $3\sim4$ cm 时，胸部表现为合体；当胸省量为 2 cm 时，胸部表现为一般；当胸省量为 1 cm 时，胸部表现为宽松。

（8）一片袖：袖山高 $= AH/4+（2.5\sim3）$。

（9）两片袖：以胸围线为袖山底线，袖山高 $= AH/3$；袖山弧线长度比袖窿弧线多 $2.5\sim3$ cm，术语称为吃势。

公式中各代号的含义见任务 2 的表 1-1。

2. 原型法

我国现今使用的原型主要是指日本文化式服装原型，自 20 世纪 80 年代其传入中国以来，对我国的服装基础理论教育起到了积极的推进作用。所谓"原型"是指依据标准人体的体型特征及相关数据，运用立体裁剪或平面展开技术生产的服装"基础模板"。根据人体的基本尺寸，加上适当松量，预先设计服装的基本型。然后再在基本型的基础上进行加放或缩减便可得到服装的纸样。由于原型法对学习者的基本技能要求高，适合有一定工作经验者。在实际应用中，可以将两种制图方法融会贯通，充分发挥各自的优势进行学习和实践训练。

二、制图常用工具

服装结构图多为 $1:1$ 比例，也有 $1:5$ 或 $1:4$ 等几种缩小比例的制图，缩比图的版型结构训练可以在 A4 纸上进行，将制图的想法通过缩图的方法得以初步实现。缩比图的制版训练更多地适合初学者在基础学习阶段的训练要求，而通过 $1:1$ 比例的制版可以更准确地实现版型结构的处理期望目标。在制图的过程中，正确标准的制图工具能够为制版带来便捷、高效的工作状态，取得良好的工作效果。根据主要用途将制版工具分为以下四类。

1. 服装测量、制图工具（图1-1）

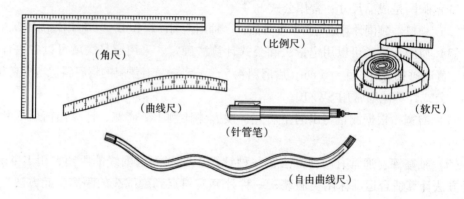

（角尺）　（比例尺）　（曲线尺）　（针管笔）　（软尺）　（自由曲线尺）

图1-1　主要制图工具

（1）软尺：主要用于人体尺寸的测量，在制版、裁剪时使用。软尺两面都标有尺寸，一面是公制厘米单位，一面是英寸单位，一般长度为150 cm。软尺比较柔软，用于测量各种曲线拼合部位的长度，来判定适宜的配合关系，非常方便。

（2）蛇形尺（自由曲线尺）：制版过程中，用于曲线部位的测量。在尺子内部加入了铅丝，因而可以任意弯曲成被测量部位的形态，达到精确测量的目的。

（3）曲线尺：有各种不同弧线的曲线尺，不同的弧线用于不同的部位，主要用于画衣服的领圈弧线、袖窿弧线、裆弯、裤子侧缝、裙子侧缝、衣服后背缝等弧度较大的部位。

（4）比例尺：一般用于按一定比例作图的测量工具。服装版型结构制图一般多为1:5或1:4的缩图，用比例尺制图可省去计算的麻烦，方便快捷。

（5）制图铅笔（针管笔）：铅芯粗细有0.3 mm、0.5 mm、0.7 mm等，要根据制版具体要求选用适合的铅芯。

（6）放码方格尺：在制版中，主要用于纸样的放缝份、画结构线、推板画线。根据长度不同主要有45 cm、50 cm、60 cm等。

（7）角尺：角尺在服装制版中运用广泛，主要用于服装制图中垂直线的绘制，规格不同的角尺分别用于大图和缩图。

（8）绘图纸：常用的有牛皮纸、白图纸、描图纸等。

2. 做记号工具

（1）剪口器（图1-2）：用于在纸样上打对位记号和缝份记号。

（2）打孔器（图1-3）：用于在纸样上打扣眼、开穿带子用的孔等。

图1-2 剪口器　　　　　　　　　图1-3 打孔器

（3）描线轮（图1-4）：用于拷贝纸样和在面料上做印记。

（4）木柄锥子（图1-5）：用于定位纸样和在纸样上打孔。

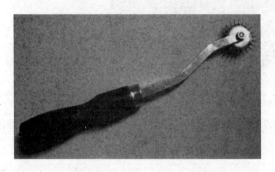

图1-4 描线轮　　　　　　　　　图1-5 木柄锥子

3．裁剪工具

（1）裁衣剪（图1-6）：用于裁剪布料，常用规格有9～12寸。

（2）线剪刀（图1-7）：线剪刀是尖头型的，主要用于剪缝纫线。

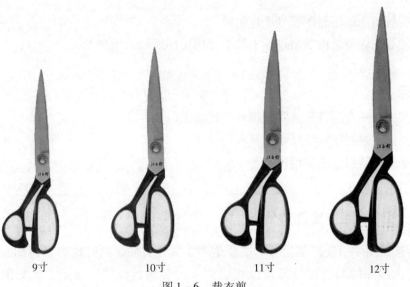

9寸　　　　　　　　10寸　　　　　　11寸　　　　　　12寸

图1-6 裁衣剪

图 1-7　线剪刀

任务 2：服装制版常用符号及标注

能力目标：

1. 能够熟练运用制图符号进行制版
2. 能够在版型结构绘制过程中熟练运用正确规范的标注方法

知识目标：

1. 掌握制图常用符号，并能理解其代表部位
2. 掌握服装制版标注尺寸的基本规则
3. 掌握服装制版的常用比例

一、服装制版主要部位代号

在服装制图中引进部位代号，主要是为了标注方便，同时也为了制图画面的规范和整洁。大部分的部位代号都是以相应的英文名词首位字母表示，如胸围的英文是 Bust Girth，其部位代号为 B，服装制版主要部位代号见表 1-1。

表1-1　服装制版主要部位代号

序　号	中　文	英　文	代　号
1	领　围	Neck Girth	N
2	胸　围	Bust Girth	B
3	腰　围	Waist Girth	W
4	臀　围	Hip Girth	H
5	领围线	Neck Line	NL
6	上胸围线	Chest Line	CL
7	胸围线	Bust Line	BL
8	下胸围线	Under Burst Line	UBL
9	腰围线	Waist Line	WL
10	中臀围线	Middle Hip Line	MHL
11	臀围线	Hip Line	HL
12	肘　线	Elbow Line	EL
13	膝盖线	Knee Line	KL
14	胸　点	Bust Point	BP
15	颈肩点	Side Neck Point	SNP
16	颈前点	Front Neck Point	FNP
17	颈后点	Back Neck Point	BNP
18	肩端点	Shoulder Point	SP
19	袖窿	Arm Hole	AH
20	长　度	Length	L

二、服装制版常用符号

　　服装结构制图中，为了简便快捷，并便于行业间的交流、识别，服装行业制定了统一规范的制图符号。规范对各种图线有严格的规定。具体形式和表达的含义如表1-2所示。

表1-2　服装制版常用符号

序　号	图线名称	符号形式	符号含义
1	粗实线	——————	服装和零部件轮廓线
2	细实线	——————	①图样基本结构的基本线 ②尺寸线与尺寸界线 ③引出线

序　号	图线名称	符号形式	符号含义
3	虚　线	− − − − −	叠面下层轮廓影示线
4	点画线	— — —	双折线（对称部位）
5	双点线		折转线（不对称部位）
6	等　分		表示该段距离平均等分
7	等　长		表示两线段长度相等
8	等　量	□ ○ △	表示两个以上部位等量
9	省　缝		表示该部位需缝去
10	裥　位		表示该部位有规则折叠
11	皱　褶		表示布料直接收拢成细褶
12	直　角		表示两线互相垂直
13	连　接		表示两部位裁衣中相逢
14	经　向		对应布料经向
15	倒　顺		顺毛或图案的正立方向
16	阴　间		表示间量在内的折间
17	扑　间		表示间量在外的折间
18	平　行		表示直线或两弧线间距相等
19	斜　料		对应布料抖斜向
20	间　距	x	表示两点间距离，其中"x"表示该距离的具体数值和公式

三、服装制版的标注要求

服装制版中的尺寸标注代表了服装成品的实际大小，因此，尺寸标注在绘制纸样中是非常重要的。

1. 标注尺寸的基本规则

一律以公制厘米（cm）为单位。制图部位、部件的尺寸，一般只标注一次，并应标在该结构最清晰的位置上。

2. 标注尺寸的不同画法

（1）用细实线，其两端箭头应指到尺寸界线，如图1-8所示。

（2）需标明竖距离尺寸时，尺寸数字一般标在尺寸线中间，如图1-9所示。

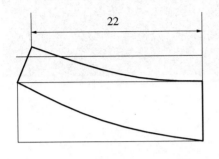

图1-8 细实线标注线两端尺寸

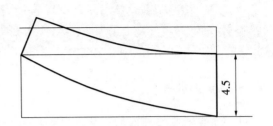

图1-9 标注在尺寸线中间

（3）需标明横距离尺寸时，尺寸数字在尺寸线的上方中间。如距离较短，需用三角形引出，规格标在附近，如图1-10所示。

（4）需标明斜距离尺寸，用细线引出，使之形成一个三角形，尺寸数字标在附近，如图1-11所示。

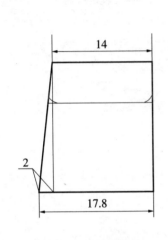

图1-10 标注要求

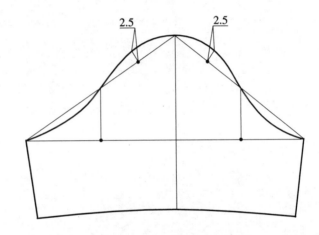

图1-11 斜向弧线标注要求

（5）尺寸数字不可被任何图线通过，当无法避免时，必须将图线断开并用弧线表示，尺寸数字就标在弧线断开处，如图1-12所示。

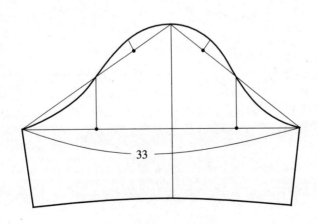

图1-12 图线跨度大的标注要求

项目小结

　　本专题首先介绍了服装结构设计的一些基础知识，阐述了人体特征与服装结构之间的对应比例关系。然后讲述服装制版常用工具的特点及使用，以及在实际工业制版当中规范的标注和代码的使用。

课后拓展能力训练

1. 原型法与比例法的优缺点比较。
2. 平面构成法和立体构成法的关系比较。

实训项目二： 人体测量

任务1： 人体主要测量点和基准线

人体测量是进行版型结构设计工作的重要前提，要做到精确，必须对人体构成有一定的了解。只有熟悉了人体的各部位比例，掌握了人体的测量基准点和基准线，才能真正做到"量体裁衣"。

能力目标：

熟悉人体体表主要测量点及基准线

知识目标：

掌握人体主要结构组成及特点

一、人体基准点

点：在测量人体时，为了取得有关数据，必须在人体表面上确定一些点作为人体部位尺寸的起点或止点，这样才能建立统一的测量方法，测量的数据才有可比性。这些点就是人体测量的基准点。

线：人体体表的结构线。

面：人体的体表是由起伏不平的凹、凸曲面组成的。

1. 人体主要基准点（图2-1）

头顶点：头部最高之点，位于人体中垂线上。

颈椎点：颈后第七颈椎棘突尖端之点。

颈肩点：位于颈侧面的根部，从人体侧面观察，位于颈根部宽度的中心点偏后的位置。由于此基准点不是以骨骼的端点为标志的，所以不易确定，应认真寻找。

肩端点：也称肩峰点，是肩胛骨肩峰上缘最向外突出之点。

桡骨点：桡骨小头上缘最高点。

茎突点：桡骨下端茎突最尖端之点。

尺骨茎突点：中指的最尖端，上肢在自然下垂状态时的最低点。

肘点：尺骨上端向外最突出之点，上肢弯曲时最突出之点。

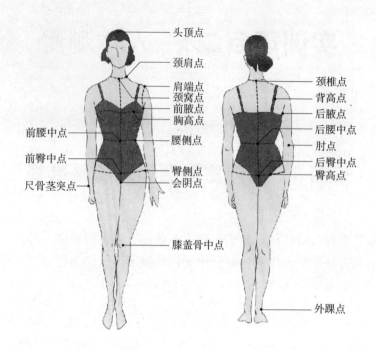

图 2 - 1　人体上的基准点

胸高点：乳头的中心。

前腰中点：肚脐的中心。

前臀中点：腹部中心线上最向前突出之点。

臀高点：臀部向后最突出之点。

膝盖骨中点：膝盖骨的中心。

内踝点：踝关节向内侧突出之点。

外踝点：踝关节向外侧突出之点。

2．人体主要基准线（图 2 - 2）

颈根围线：是人体躯干与颈部的分界线。此基准线前面通过锁骨内侧端点上缘，侧面通过颈侧点，后面通过颈椎点。

肩中线：肩峰点与颈侧点的连线。

胸围线：人体胸部最丰满处的水平围线。

腰围线：人体腰部最细部位的水平围线。

臀围线：人体臀部最丰满部位的水平围线。

膝围线：通过膝盖中心的水平线。

胸高纵线：起自小肩线的中点，经乳高点（肩胛骨）形成的自然曲线。

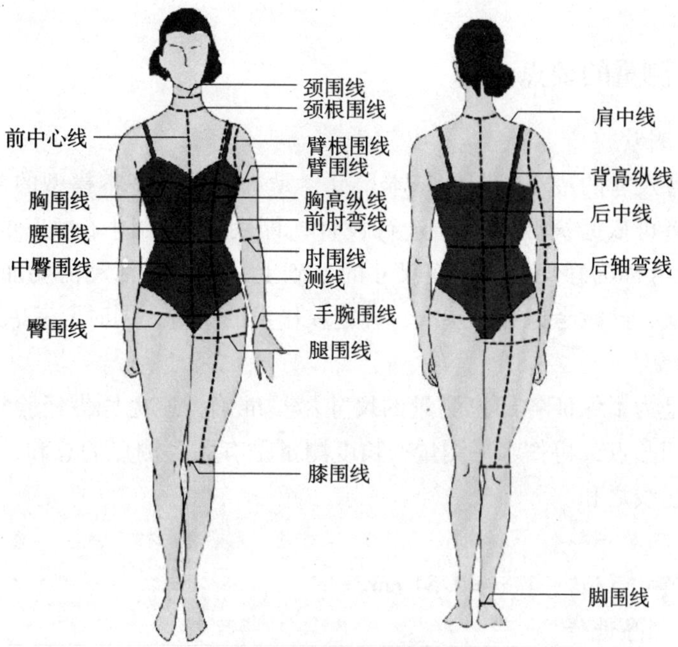

图 2-2　人体上的基准线

任务 2：人体测量方法

能力目标：

1. 能够熟练进行人体主要部位的测量
2. 能够熟练进行服装成品的测量

知识目标：

1. 掌握人体主要部位的测量方法
2. 掌握人体测量以及动态静态尺寸对服装的影响
3. 掌握服装各部位放松量的加放原则

人体测量是取得服装规格的主要来源之一。其方法正确与否不仅关系到测量数据的准确性，还决定服装的最终效果和质量。测体可分为男体测量、女体测量、童体测量等，其测量部位、方法和步骤基本相同。其中女体测量要求较高、较为复杂，需测量的部位也多。

一、人体测量的要点

1. 净尺寸测量

净尺寸是各尺寸的最小极限和基本尺寸，是确立人体基本模型的参数。被测者穿紧身衣，设计者可依据被测者尺寸进行设计，即用软尺贴附于静态的体表（仅穿内衣），测得的尺寸即为净尺寸。在净尺寸的基础上，按人体活动需要加适当的放松量，并根据服装款式，同时考虑穿着层次，确定放松量的数量，同时要考虑人体运动量。

2. 定点测量

定点测量是为了保证各部位测量的尺寸尽量准确，避免凭借经验猜测。围度测量需确定测位的凹凸点，再作水平测量；长度测量是有关各测点的总和，如袖长是肩点、肘点、尺骨点连线之和。

3. 厘米制测量

国外采用英寸（in），1 in = 2.54 cm。

4. 测量按顺序进行

例如量完肩宽量袖长，避免肩峰点的误差。

二、人体测量方法

人体测量的主要部位如图 2 - 3 所示。

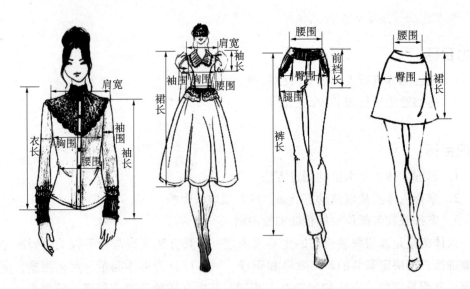

图 2 - 3   人体测量部位

1. **围度测量及名称（图 2 - 4）**

（1）胸围：腋下，胸部最丰满处围量一周（内含四指）得净数加放松量。

（2）腰围：腰部最细处围量一周（内含二指）得净数加放松量。

（3）臀围：臀部最丰满处围量一周（内含四指）得净数加放松量。

（4）颈根围：颈根部围量一周（内含一指）得净数加放松量。

（5）中腰围：亦称腹围，腰围至臀围二分之一处水平围量一周（内含四指）得净数加放松量。对于凸肚体型，在做裙、裤时须测量中腰围。

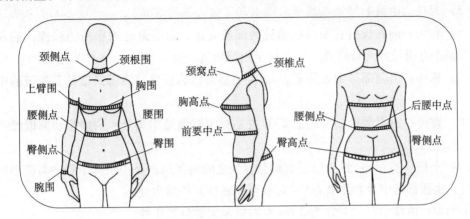

图 2 - 4　围度测量

2. 宽度测量及名称（图 2 - 5）

（1）前胸宽：由左前腋点量至右前腋点得净数加放松量。

（2）后背宽：由左后腋点量至右后腋点得净数加放松量。一般后背宽大于前胸宽 1 cm 左右，这是由人体结构和人体运动决定的。

（3）胸高点（BP 点）：

长：由肩颈点量至胸高点，胸/10 + 13。

宽：两胸高点距离的二分之一，胸/10 - 1。

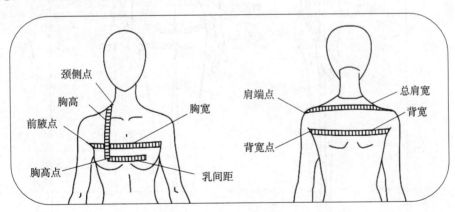

图 2 - 5　宽度测量

3. 长度测量及名称（图 2 - 6）

（1）前腰节长：由肩颈点经过胸高点量至腰部最细部。

（2）后腰节长：由肩颈点经过肩胛部位量至腰部最细部。前腰节长 - 后腰节长 = 0～0.5 cm（属正常体型）。

（3）总肩宽：从后背左肩骨外端点，量至右肩骨外端点，为弧线，外衣要加2 cm。

（4）袖长：由肩端点量至所需长度（短、中、长袖）。

①由肩端点垂直量至所需长度加1 cm（中、长袖）；

②由肩端点经过肘点量至所需长度，不需加1 cm。

（5）背长：由第七颈椎点量至后腰中点（或腰部最细处）。

（6）衣长：前衣长由右颈肩点通过胸部最高点，向下量至衣服所需长度；后衣长由后领圈中点通过背部最高点，向下量至衣服所需长度。

（7）裤长：由腰部最细处往上2 cm左右量至所需长度（腰部最细处是裤带的中部位置）。

（8）臀高：由腰部最细处往上2 cm左右量至臀部最丰满处。一般裙、裤取腰部向下18 cm左右。

（9）上裆（直裆）：腰上口至裤脚分衩处之间的部位，是关系裤子舒适与造型的重要部位。由腰部最细处往上2 cm左右量至大腿根部的鸿沟处。

①侧量：由腰部最细处往上2 cm左右量至大腿分叉止处。

②坐量：由腰部最细处往上2 cm左右量至凳面。

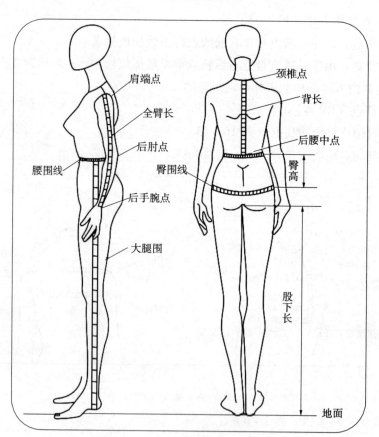

图2-6　长度测量

4. 测量人体注意事项

（1）测体时必须掌握人体的各有关部位，才能测出正确尺寸。与服装有关的人体主要部位有：颈、肩、背、胸、腹、腋、腰、胯、臀、脚跟、膝、踝、臂、腕、虎口、拇指、中指等。若被测者有特殊体形特征的部位，应做好记录，以作调整。

（2）要求被测者姿态自然、端正，呼吸正常，不能低头、挺胸等，以免影响所量尺寸的准确性。

（3）测量时软尺不宜过松过紧，保持纵直横平。

（4）测量跨季服装时，应注意对测量尺寸有所增减。

（5）做好每一测量部位的尺寸记录、必要的说明，或简单画上服装式样，注明体形特征和要求等。

5. 对测量要点的说明

所谓"测量要点"是指常规的测量方法和步骤以外，尚须注意的各点，具体来说有以下方面：

（1）按穿着要求：如对同一个穿着对象来说，其西服的袖长要比中山装短，因西服的穿着要求是袖口处要露出 1/2 衬衣袖头。

（2）按衣片结构特点：如夹克衫的袖子比一般的款式要长，因一片袖的结构特点使外袖弯线没有多大弯势。

（3）按款式的特点：如装垫肩的袖子要比不装垫肩的袖子长；又如袖口收细裥要比不收细裥的袖子要长，细裥量多的比量少的袖子要长。

（4）按造型的特点：如紧身型与松身型的放松量要有区别；又如曲线型与直线型的放松量就不一样，曲线型的要小一些。

（5）按穿着层次的因素：如衣服厚度越大，长度要越长。

（6）按流行倾向因素：如裙子长、短的变化；松身型服装放松量的大小，肩宽大小等。

三、服装成衣测量

服装成衣测量是直接从成衣上获取规格数据，作为服装制图的依据。服装成衣规格测量的方法是：服装一般放平测量，对立体感较强的呢装穿在模型上测量衣长、肩宽、袖长，其他部位放平测量。

测量部位：上装一般是衣长、胸围、领大、袖长、总肩宽，下装一般是裤长、腰围、臀围，如图 2-7 所示。

服装成衣规格测量的具体方法如下。

1. 上衣的测量

（1）测衣长：由前身领肩点垂直量至底边。

（2）测胸围：扣好纽扣，前后身摊平，沿袖窿底缝横量（周围计算）。

（3）测领大：衣领摊平横量，立领量上口，其他领量下口（特殊领口除外）。

（4）测袖长：由衣袖最高点量至袖口边中间（特殊袖型除外）。

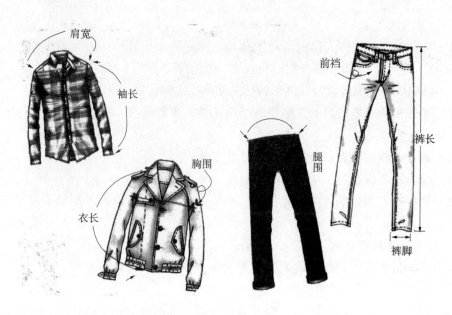

图 2 - 7　成衣主要测量部位

（5）测总肩宽：由肩袖缝交叉点摊平横量（特殊型除外）。

2. 裤长的测量

（1）测裤长：由腰上口沿侧缝摊平，垂直量至裤脚口。

（2）测腰围：扣好裤钩，沿腰宽中间横量，松紧腰摊平横量（周围计算）。

（3）测臀围：前后裤片由上裆2/3处（除腰宽）分别横量（周围计算）。

四、服装成衣的放松量

　　人体测量时所取得的数据是净尺寸，直接按这些数据来裁制服装虽然是合体的，但却不适宜人体运动。人体处于经常活动的状态中，在不同的姿态下，人体体表或伸或缩，皮肤面积会有变化，但是绝大多数的衣料并无多大的伸缩性。为了使服装适合于人体的各种姿态和活动的需要，必须在量体所得数据（净尺寸）基础上，根据服装品种、式样和穿着用途，加放一定的余量。其次，放松量的多少还要根据服装穿在身上的内外层次所定。例如女衬衫的胸围一般应加放 10 ～ 12 cm，而男西服的胸围一般应加放 13 ～ 20 cm，男大衣则加放 25 ～ 27 cm 等。当然还应考虑流行倾向和衣料质地的厚薄软硬因素等。肩宽的加放量，一般均按胸宽和背宽的比例同时进行。

项目小结

　　本项目主要讲了人体结构特点及人体测量主要基准点位置，并且用范例讲解人体测量主要部位及测量方法和注意事项。

课后拓展能力训练

1. 基础练习

（1）人体共分为几个体块？几个连接点？

（2）男女体型差异主要表现在哪几个方面？

（3）人体测量的意义是什么？有哪些测量要领？

2. 综合实训

掌握正确的人体测量方法，对一位同学进行实体测量并记录数据。

实训项目三： 服装号型应用

任务1：服装号型设计

能力目标：

能够熟练根据服装风格种类进行服装号型设计

知识目标：

1. 掌握服装号型组成
2. 掌握服装号型设计规律
3. 掌握服装成衣号型标准

一、服装号型规格

在制版结构设计中，服装号型规格的建立是至关重要的，不仅对制作版型不可或缺，更是纸样整体设计的前提和依据。在进行服装规格设计时，应把握好"人体基本数据"和"放松量"两方面的内容。其中"人体基本数据"是通过人体测量得到的静态数值，为设计各类服装的基本依据，"放松量"是为设计服装而加入的人体活动范围的数据规格。

1. 号型定义

"号"指人体的身高，以 cm 为单位表示，是设计、生产服装的长度的依据；"型"指人体的胸围或腰围，以 cm 为单位表示，是设计、生产服装肥瘦的依据。

我国服装号型标准中，根据人体胸围和腰围的差值将体型分为 Y、A、B、C 四种体型。其中标准体为 A 型，常见于年轻人；微胖体为 B 型，多见于中年人；肥胖体为 C 型，多见于老年人；特苗条体为 Y 型，多见于模特职业人群。我国服装号型控制范围见表 3-1。

表 3-1 服装号型控制范围

单位：cm

体型分类代号	男子：胸腰落差	女子：胸腰落差
Y	17～22	19～24
A	12～16	14～18
B	7～11	9～13
C	2～6	4～8

2．号型表达

按"服装号型系列"标准规定，在服装上必须标明号型。号与型之间用斜线分开，后接体型分类代号。例：170/88A，其中 170 表示身高为 170 cm 的人体，88 表示净体胸围为 88 cm，体型分类代号"A"则表示胸腰落差在 12 ～ 16 cm 之间。

3．号型应用

（1）消费者选择和应用号型应注意，在选择服装前，先要测量好自己的身高、净胸围、腰围，每个人的个体实际尺寸有时与服装号型档次并不吻合。如身高 167 cm，胸围 90 cm 的人，号是在 165 ～ 170 号之间，型是在 88 ～ 92 型之间，因此需要向上或向下靠档。一般来说，向接近自己身高、胸围或腰围尺寸的号型靠档。

例如，身高 163 ～ 167 cm 选用号 165，身高 168 ～ 172 cm 选用号 170。净体胸围 82 ～ 85 cm 选用型 84，净体胸围 86 ～ 89 cm 选用型 88。净体腰围 65 ～ 66 cm 选用型 66，净体腰围 67 ～ 68 cm 选用型 68。

（2）服装工业企业在选择和应用号型时应注意，必须从标准规定的各个系列中选用适合本地区的号型系列。无论选用哪个系列，必须考虑每个号型适应本地区的人口比例和市场需求情况，相应地安排生产数量，以满足大部分人的穿着需要。

4．号型系列

（1）服装号型系列定义

"服装号型系列"是以我国正常人体主要部位尺寸为依据，对我国人体体型规律进行科学的分析，经过几年实践后而设置形成的国家标准。它提供了以人体各主要部位尺寸为依据的数据模型，这个数据模型采集了我国人体体型与服装有密切关系的尺寸，并经过科学的数据处理，基本反映了我国人体体型的规律，具有广泛的代表性。

"服装号型系列"的人体尺寸是净体尺寸，还包括体型类别，并不是服装的成品规格。服装的成品规格是成衣的实际尺寸。"服装号型系列"是设计成品规格的来源和依据。

"服装号型系列"有利于消费者购买成衣，有利于提高设计水平，有利于服装成衣的生产，有利于对外交流。

"服装号型系列"适用的人体在数量上占我国人口的绝大多数，在体型特征上是人体发育正常的一般体型。特别高大或特别矮小的，过瘦高或过矮胖的，以及有体型缺陷的人，不包括在"服装号型系列"所指的人体范围内。

（2）号型系列设置

服装号型系列以中间标准体为中心，向两边依次递增或递减组成。服装规格应按此系列进行。身高分别以 10 cm、5 cm 分档组成系列，胸、腰围分别以 4 cm、3 cm、2 cm 分档组成系列。男女标准体型见表 3－2。

表 3-2 男、女标准体型

单位：cm

体型	Y	A	B	C
身高（男子）	170	170	170	170
胸围（男子）	88	88	92	96
身高（女子）	160	160	160	160
胸围（女子）	84	84	88	88

5. 服装号型系列规格控制部位

一套服装仅有长度、胸围、腰围适体还达不到整套服装的适体目的，同样在裁剪或制作样板时，仅有身高和胸围、腰围尺寸，也是裁不出服装的，要有必不可少的几个部位的尺寸，才能裁出整套服装来，这些部位称为控制部位。

（1）控制部位：上装的主要部位是衣长、胸围、总肩宽、袖长、领围，女装加前后腰节长。下装的主要部位是裤长、腰围、臀围、上裆长。服装的这些主要部位反映在人体上是颈椎点高（决定衣长的数值）、坐姿颈椎点高（决定衣长分档的参考数据）、胸围、总肩宽、全臂长（决定袖长的数据）、颈围、腰围高（决定裤长的数据）、腰围、臀围等。

（2）非控制部位说明：控制部位数值，只对构成服装的主要部位进行控制。非控制部位服装规格，如袖口、裤脚口等，可根据款式的需要设计。

（3）控制部位数值向服装规格的转换：号型系列和各控制部位数值决定后，就可引出服装的具体规格尺寸。概括地说，是以控制部位数值加放不同的放松量来设计服装成衣规格。

任务 2：服装成品规格设计

能力目标：

1. 能熟练进行服装成衣的规格设计
2. 能熟练掌握服装号型系列

知识目标：

掌握服装号型应用及主要控制部位

一、服装成品规格

服装成品规格是服装结构制图的重要依据之一，了解有关服装成品规格的结构和使用是十分必要的。所谓成品规格设计就是对服装各个控制部位的尺寸、规格进行确定的工作。成品规格是已经在净尺寸基础上加入了款式放松量的数值。

二、确定服装成品规格的主要方法

1. 从测体取得数据构成服装成品规格

服装成品规格的直接来源是人体，通过人体测量，在取得净体尺寸数据的基础上，加上适当的放松量后，即能构成服装成品规格，此种方法更适合单件及小数量生产加工。

2. 以国家号型标准为依据，加入款式放松量，确定服装成品规格

（1）在进行服装规格设计之前首先要确定服装的控制部位。

上装控制部位有：衣长、袖长、胸围、总肩宽、领大等。

下装控制部位有：裤长、腰围、臀围、立裆长等。

（2）服装控制部位数值等于人体控制部位数值加上放松量，而服装的控制部位与人体控制部位是互相对应的，即：

服装衣长 = 人体坐姿颈椎点高 ± 放松量

服装袖长 = 全臂长 ± 放松量

裤长 = 人体腰围高 ± 放松量

立裆长 = 坐姿颈椎点高 −（颈椎点高 − 腰围高）± 放松量

领围 = 颈围 + 放松量

服装肩宽 = 人体总肩宽 ± 放松量

服装腰围 = 人体净腰围 + 放松量

服装臀围 = 人体净臀围 ± 放松量

影响放松量的因素有很多，要考虑穿着年龄、对象、款式、穿着习惯、季节气候条件、面料性能、人体运动量的大小、穿着的舒适程度、流行的因素及衣料质地的厚薄软硬因素等。

3. 直接从实物样品上获取数据制订服装成品规格

作为服装制图时的依据，这种方法更适用于来样加工，简称量衣法确定规格。其操作要点为：宽松型服装，一般放平测量；立体感强的服装穿在模型架上测量衣长、肩宽、袖长，其他部位放平测量。测量部位上装一般是衣长、胸围、领大、袖长、总肩宽，下装一般是裤长、腰围、臀围。

现今服装企业中大多都是由客户提供数据编制服装成品规格。对于客户所提供的数据，首先要弄清规格的计量单位（公制、英制、市制），其次要弄清所提供的规格是人体净尺寸还是加入放松量在内的成衣尺寸，还要弄清各部位尺寸的测量方法，如：衣长规格有的是指前衣长，有的是指后衣长；胸围有的是指半胸围，有些是指全胸围。对服装成品规格中个别部位不全的应按具体款式按正常比例补全。

三、影响服装成衣规格大小的相关因素

（1）服装造型款式。

（2）服装的材料性能：

①材料的质地；

②材料的伸缩率；

③材料的经纬丝缕。

（3）衣缝结构。

（4）折边处理。

（5）组合形态。

（6）熨烫工艺。

四、市场通用服装尺码参照表

1. 国际女装（外衣、裙装、上装、套装）尺码明细对照表（表3-3）

表3-3 国际女装规格明细表

标准	尺码明细				
中国	160～165/ 84～86	165～170/ 88～90	167～172/ 92～96	168～173/ 98～102	170～176/ 106～110
国际	XS	S	M	L	XL
美国	2	4～6	8～10	12～14	16～18
欧洲	34	34～36	38～40	42	44

2. 服装各部位尺寸表（表3-4）

表3-4 服装各部位尺寸表

单位：cm

男装服装尺码				
分类	小码	中码	大码	加大码
身高	165	170	175	180
胸围	84	90	96	102
腰围	75	81	87	93
臀围	88	90	92	100
女装服装尺码				
分类	小码	中码	大码	加大码
身高	155	160	165	170
胸围	80	84	88	92
腰围	60	64	68	72
臀围	84	88	92	96

任务3：服装制版规则及方法

能力目标：

根据服装制版规则熟练进行制版

知识目标：

1. 掌握服装制版的顺序
2. 掌握服装制版尺寸的来源

一、服装制版规则

1. 具体制图线条的绘画顺序

服装结构制图的平面展开图是由直线和直线、直线和弧线等的连接构成衣片（或附件）的外形轮廓及内部的衣缝分割。制图时，一般是先定长度、后定围度，即先用细实线画出横竖的框架线。制图中的弧线是根据框架和定寸点相比较后画出的。因此，可将制图步骤归纳为先横后竖、由上而下、由左而右进行。作好基础线后，根据轮廓线的绘制要求，在有关部位标出若干工艺点，最后用直线、曲线和光滑的弧线准确地连接各部位定点和工艺点，画出轮廓线。

2. 服装零部件制图顺序

每一单件衣片的制图顺序按先大片、后小片、再零部件的原则，即一般是先依次画前片、后片、大袖、小袖，再按主、次、大、小画零部件。如是夹衣类的品种，则先面料，后衣衬，再衣里。下面以一般上衣为例，排列顺序如下：

（1）面料：前片一、后片一、大袖一、小袖一、衣领或帽子（连帽品种）一、零部件等。

（2）衬布：大身衬一、垫衬（包括各种垫衬如挺胸衬、帮胸衬等）一、领衬一、袖口衬一、袋口衬等。

（3）里布：前里一、后里一、大袖里一、小袖里一、零部件等。

（4）其他辅料：面袋布一、里袋布一、垫肩布等。

二、制图的尺寸

服装结构制图时的尺寸一般使用的是服装成品规格，即各主要部位的实际尺寸（规定服装上通用的长度计量单位为 cm）。但用原型制图时须知道穿衣者的胸围、臀围、袖长、裙长等重要部位的净尺寸。在结构制图中，根据使用场合需要作毛缝制图、净缝制图、放大制图、缩小制图等。对缩小制图规定：必须在有关重要部位的尺寸界线之间，标注清楚该部位的尺寸。

三、制图比例

服装制图比例是指制图时图形的尺寸与服装部件的实际大小的尺寸之比。服装制图中采用的是缩比，即将服装部件（衣片）的实际尺寸缩小一定比例后制作在图纸上。等比也采用得较多，等比是将服装部件（衣片）的实际尺寸按原样大小制作在图上。在同一图纸上，应采用相同的比例，并将比例填写在标题栏内，如需要采用不同比例时，必须在每一零部件的左上角标明比例。

项目小结

本项目首先介绍了服装结构设计中的尺寸规格设计。在服装规格设计中，放松量的设计是关键，也是难点所在，因而对于服装放松量应根据不同情况灵活对待。专题最后还讲解了版型制图的基础方法和顺序，旨在训练学生树立正确的制版理念。

课后拓展能力训练

1. 基础练习
（1）号型的定义及划分标准是什么？
（2）号型系列的表示方法及具体内容是什么？
2. 综合实训
（1）某人的胸围为 87 cm，腰围为 78 cm，请设计出他买成衣的号型。
（2）测量自己的人体 10 个控制部位的尺寸，确定自己购买成衣的号型。
（3）现有 5 个号 160、165、170、175、180，5 个型 70、72、74、76、78，都属 A 型，能够选用的是什么系列？
（4）某人的上装号型为 165/88B，她的下装的腰围选多少？

应用专题模块

实训项目四： 裙装结构与版型设计

裙子对于女性来说是一种再熟悉不过的服装了。裙子既可以展现女性婀娜的体态，又可以展现自己的个性，特别是在讲究自我形象设计的今天，一条裙子，就代表着一种心情，一种形象。因此，裙子的市场是庞大而生机勃勃的。裙子在女性服装历史中是最早的，因其通风散热性能好，穿着方便，行动自如，样式变化多端，最能充分展现女性优美体态，是现代女性不可缺少的服装之一。

任务 1： 裙子分类与基本版型绘制

能力目标：

1. 根据裙装结构设计原理熟练进行裙子的制版

2. 根据裙装制版方法与要领，依据工业制造单要求熟练进行制版，培养学生裙子制版的分析能力和解决能力

知识目标：

1. 掌握人体与裙装结构对应关系，掌握裙装结构设计原理
2. 掌握裙装分类与结构变化原理

一、裙子的分类

裙装的款式千变万化，分类方式也各不相同，从不同角度可作不同的分类，主要有以下几种：

（1）按裙子的长度来分，可分成迷你裙、短裙、中长裙、长裙、及地裙等，如图 4-1 所示。

①迷你裙：裙子的长度到大腿的 1/2 处，长 40 cm 左右，能使女性的双腿显得十分修长，充满青春活力。

②短裙：短裙与迷你裙并没有明显的界限，一般稍长于迷你裙。其裙摆稍高于膝盖，适合年轻人穿。

③中长裙：裙摆在小腿肚的 1/2 附近，此裙长显得端庄稳重。

④长裙：长度在脚踝附近，此长度的裙子尤其庄重，所以通常是礼服类裙子的长度选择，能掩饰腿部的缺陷。

⑤及地裙：长度及地，通常用在礼服中。

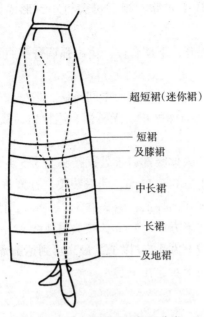

图4－1　按裙子的长短分类

（2）按裙子的外部轮廓造型可分为 X 型、H 型、A 型、T 型、O 型等，如图4－2所示。

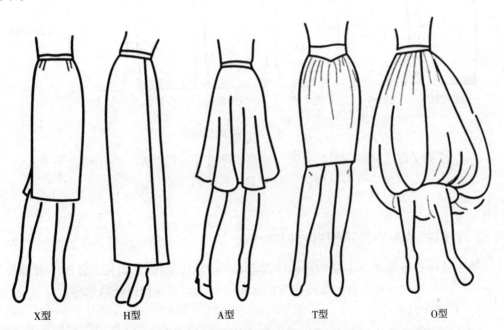

图4－2　按裙子的外部轮廓造型分类

①X 型：这一类型为紧身裙型。裙片紧裹腰胯部，裙摆尺寸仅为活动的最小值，为保持其窄小的廓形，需要用开衩或打褶来提供活动的方便。

②H 型：腰臀部较合体，从臀围线垂直向下或稍微收小。H 型是裙装原型的轮廓，

H型裙给人稳重端庄的感觉，适合做职业装配套穿用。

③A型：从腰部开始向下扩张，裙摆可大可小，形成大小喇叭形，具有飘逸感，轻松休闲。

④T型：从腰部施褶展开，下摆合体。突出强调臀部曲线，能充分展现形体美，优美干练。

⑤O型：从腰部展开，裙摆处收紧，中间蓬松，造型较夸张。

（3）按裙腰高低可分为自然腰裙、无腰裙、连腰裙、低腰裙、高腰裙和连衣裙等，如图4-3所示。

①自然腰裙：腰线位于人体腰部最细处，腰头宽3～4 cm。

②无腰裙：位于腰线上方0～1 cm，无需装腰，有腰贴。

③连腰裙：腰头直接连在裙片上，腰头宽3～4 cm，有腰贴。

④低腰裙：前腰在腰线下方2～4 cm，腰头呈弧线。

⑤高腰裙：腰头在腰线上方4 cm以上，最高可到达胸部下方。

⑥连衣裙：裙子直接与上衣连在一起。

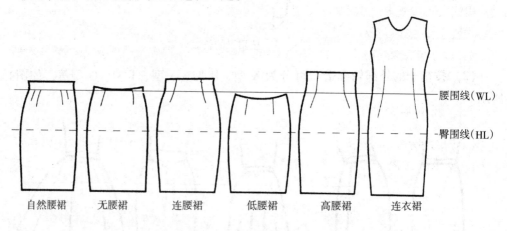

图4-3　按裙腰高低分类

（4）按裙子裁片分割数量可分为一片裙、两片裙、四片裙、八片裙，等等。

（5）按裙子褶皱可分为百褶裙、细褶裙、活褶裙等。

二、裙装基本版型结构设计原理

裙子结构比较简单，主要为腰以下筒状结构造型，主要由裙长、腰围、臀围及摆围组成。因此理解分析人体腰围线以下的体型特征是裙子结构设计的基础。

1. 腰围线的设计

裙子腰围线的两边侧缝处要起翘，其原因是裙子的侧缝应符合人体胯骨的形态，如果腰围线为水平线不起翘，则合侧缝后裙腰围线凹陷，造成结构设计不平衡，制作后起皱。腰围线起翘，补足了凹陷，结构平衡，因此起翘量随着侧缝撇量的变化而变化，侧缝撇量越大，起翘量越大。裙装的腰围线在后腰中心线处下落了1 cm，这是因为人体臀部在后腰中心处有凹陷，人体穿裙后因为腹凸在上，臀凸在下，形成了腰围线前高后低的现象。所以为了弥补这种弊病，裙装的腰围线在后腰中心处下落。

2. 裙省的结构设计

人体在腰部、臀部存在着差量，所以比较合体的裙子结构必须设计裙省。臀腰的差量就是裙省的省量、数量的设计依据。臀腰差大，则省量可以大，省的设计个数也可以略多。反之，裙省量要小和减少省的个数。每个省量控制在 3 cm 之内，如果大于 3 cm，则可以一分为二；若小于 1 cm，则合二为一。人体臀部，由于近腰处凹陷，臀部凸出，可以采用胖形省，而且靠近后中心线处的省长度可以略长，一般 12 ～ 13 cm；近侧缝处的后省略短，一般 10 ～ 11 cm。总之，从工艺角度来讲，省量越大，则省长越长；省量余额小，则省长越短。

3. 臀围的放松量设计

臀围尺寸是在人体站立状态下量取的臀部尺寸。人体在做运动的时候，臀部均会发生变化，肌肉会扩大。当人们坐于凳面时，臀围要加大 4 ～ 6 cm。所以成品裙子的臀围应在人体测量规格基础上最少加放 4 cm 的放松量，来满足臀围的舒适量。

4. 裙摆的结构设计

裙摆大小要适应人体步行、跑跳等运动动作时两边膝盖的围度的大小需要。裙摆大的款式不存在这样的问题，裙摆偏小较合体的裙子，当裙摆小于正常行走的尺寸时就要考虑采用其他结构形式来增强裙子的功能性，例如考虑增加开衩或褶裥结构。

三、基本裙型（直筒裙）结构设计

直筒裙是所有裙型的基础，其他任何种类的裙子都是由直筒裙演变而来的。

1. 成衣款式图（图 4 – 4）

图 4 – 4　直筒裙款式图

2. 基本裙型结构特征

直筒裙标准要求腰臀合体，贴体合身，裙子下摆围与臀围接近，呈直筒状。造型简洁、明快、合体，能充分表现女性端庄、优雅的气质。裙衩重叠量一般为 2.5 ～ 4 cm。省的个数与省的大小决定于臀腰差，一般保持一个省不超过 4 cm，后中心线分割，上端装拉链，腰口装腰，下摆开衩。适宜选择回弹性好的斜纹织物、毛织物及混纺织物制作，如牛仔布、卡其布、凡尔丁等。

3. 成品各部位规格（表4－1）

表4－1　直筒裙成品规格表

单位：cm

号/型	部位名称	裙长	腰围	臀围	腰长（臀高）
160/66A	部位代号	L	W	H	
	净体尺寸		66	90	18
	加放尺寸		2	4	
	成品尺寸	58	68	94	18

（1）腰部的放松量

成品腰围在人体测量数据的基础上，一般加放 1 ～ 2.5 cm 的放松量，以满足人体腰部的舒适量。一步裙属于紧身裙，放松量取 0 ～ 1 cm。

（2）臀部的放松量

成品裙子的臀围在人体测量数据的基础上，最少加放 4 cm 的放松量，以满足人体臀围的舒适量。一步裙臀围的放松量一般取 4 ～ 6 cm。

4. 直筒裙版型结构制图（图4－5）

前裙片制图要点：

（1）基本线（前中线）：首先画出基础直线。

（2）上平线：与基本线垂直相交。

（3）裙长线（下平线）：按裙长减去腰宽，平行于上平线。

（4）臀高线（臀围线）：上平线量下 18 cm。

（5）前臀围大线（前侧缝直线）：按1/4臀围加 1 cm 作线，平行于前中线。

（6）前腰围大：按 W /4 + 省量。收省量应根据臀腰差而定，通常取臀腰差的 2/3 左右，多余的臀腰差在侧缝处劈去。每个省一般控制在 1.5 ～ 3 cm 之间。省量过小，起不到收省的作用；省量过大，省尖过于尖凹，即使熨烫也难以消失。

（7）前腰缝线：腰围大起翘 0.7 cm，画顺腰口线。

（8）前腰省：前腰围大三等分，两个等分点为省中心位，省长为 9 ～ 10 cm。

（9）前侧缝弧线：圆顺地连接腰围大起翘和臀围大点。

后裙片制图要点：

（1）横向线条顺延前裙片。

（2）后中线：垂直于上平线。

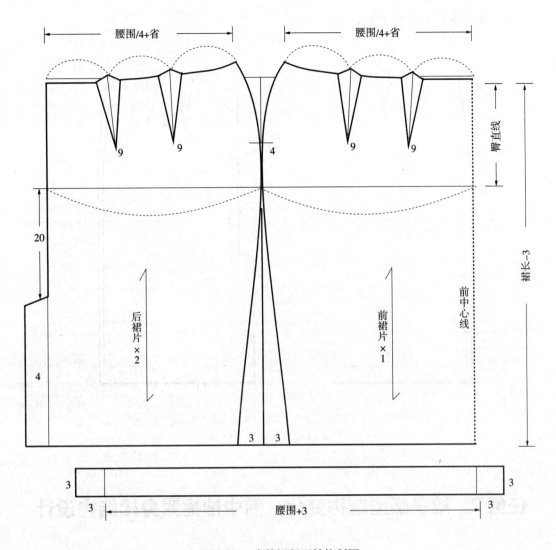

图 4-5　直筒裙版型结构制图

（3）后臀围大线（后侧缝直线）：按 1/4 臀围减 1 cm 作线，平行于后中线。

（4）后腰围大线：按 W /4 + 省量。

（5）后腰缝线：后腰围大起翘 0.7 cm，后中心低落 1 cm 画顺腰口线。

为何要在后中缝处低落 1 cm 呢？这是由女性的体型所决定。侧观人体，可见人体腹部前凸，而臀部略有下垂，致使后腰至臀部之间的斜坡显得平坦，并在上部处略有凹进，腰际至臀底部呈 s 形。这样腹部的隆起使得前裙腰向斜上方移升，后腰下部的平坦使得后腰下沉，致使整个裙腰处于前高后低的非水平状态。

（6）后腰省：后腰围大三等分，两个等分点为省中心位，省长为 9 ～ 10 cm。

（7）后侧缝弧线：圆顺地连接腰围大起翘和臀围大点。

（8）以臀高线为起点在后中心线上向下量取 20 cm 为叉长，叉宽 4 cm。

5. 直筒裙版型放缝（图4-6）

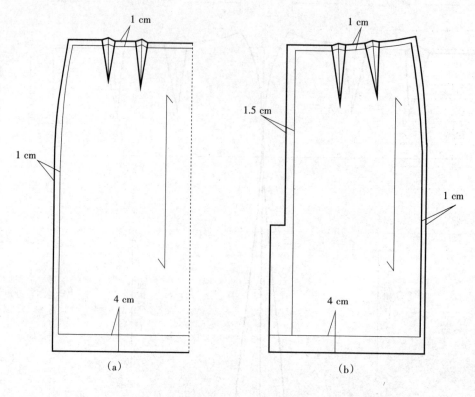

（a） （b）

图4-6 直筒裙放缝图

任务2：裙子版型结构变化：前中抽褶紧身裙结构设计

能力目标：

1. 能够熟练运用裙子结构变化规律进行前中抽褶紧身裙的版型制版
2. 掌握裙子变化款式纸样设计的原理、方法，并能举一反三、灵活运用

知识目标：

裙子版型结构变化原理及方法

一、前中抽褶紧身裙生产制单制版实践

依据广州伊都时装有限公司提供的生产制造单（表4-2）进行工业制版的实践。

表4-2　广州伊都时装有限公司生产制造单

款名	s-938#		品名	前中抽褶紧身裙	下单日期			主料名称		
主要原辅料	名称	单位	单用料	规格	实发	名称	单位	单用料	规格	实发
	里料	米	0.6							
	拉链	条	1							
	粘合衬	米	0.1							

褶先左右分别用衣车抽碎褶，注意左右抽褶均匀，位置对称，后衩止点在腰下 40 cm 处

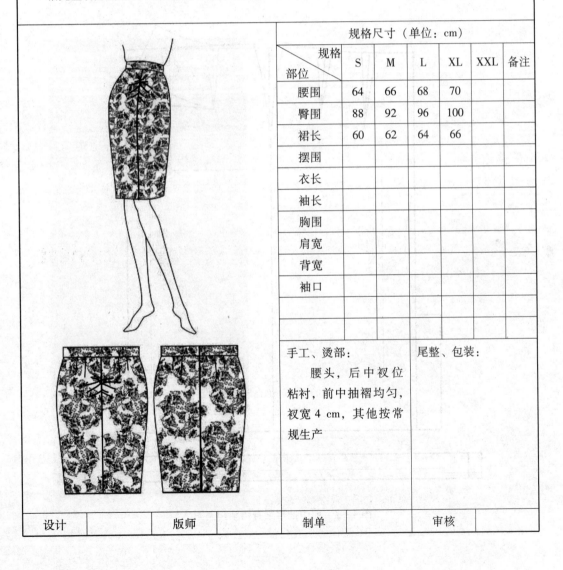

规格尺寸（单位：cm）

规格 部位	S	M	L	XL	XXL	备注
腰围	64	66	68	70		
臀围	88	92	96	100		
裙长	60	62	64	66		
摆围						
衣长						
袖长						
胸围						
肩宽						
背宽						
袖口						

手工、烫部：

　　腰头，后中衩位粘衬，前中抽褶均匀，衩宽 4 cm，其他按常规生产

尾整、包装：

设计		版师		制单		审核	

二、版型结构设计要点

1. 规格设计

选号型 165/66A，主要部位的规格设计：腰围 W = 66 cm + 2 cm = 68 cm，臀围 H = 90 cm + 6 cm = 96 cm，裙长 = 64 cm。

2. 结构设计

先根据所提供的规格尺寸，制作出裙子的基本版型轮廓。根据款式需要做出分割抽褶线，并沿着分割线剪开至省尖，但不剪断，将腰省合并，省量转移至前中分割线处作为抽褶量。如果转省量不够抽褶设计量，可以继续进行纸样的剪切施放抽褶放量。

版型结构设计，如图 4-7 至图 4-10 所示。

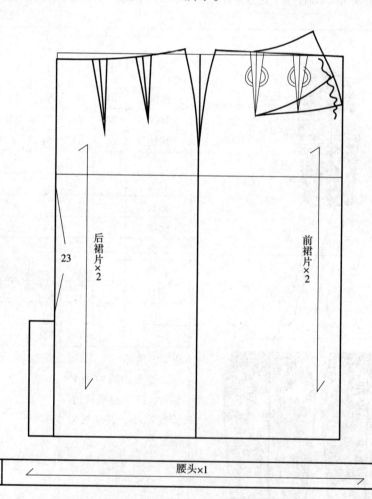

图 4-7　前中抽褶紧身裙结构制图

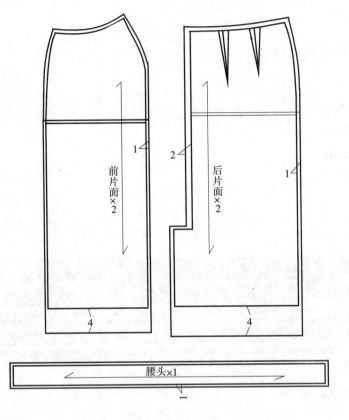

图 4 – 8　前中抽褶紧身裙放缝图

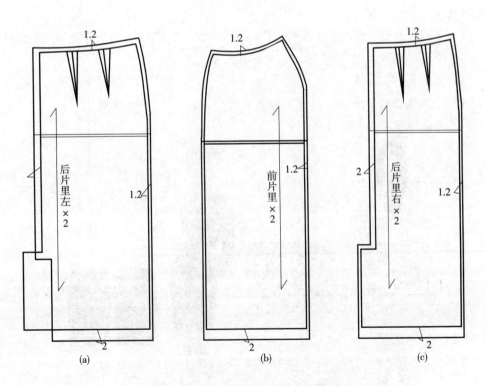

图 4 – 9　前中抽褶紧身裙里料放缝图

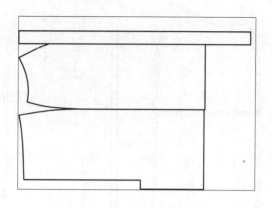

图 4 – 10　前中抽褶紧身裙排料图

项目小结

　　本专题项目首先介绍了裙子的分类、基本结构和裙子版型设计原理，然后介绍了裙子结构制图方法及要点，最后介绍了裙装版型变化设计的原理、方法。通过本项目的学习和实训，可以让学生掌握裙子的制版方法，并能灵活应用。

课后拓展能力训练

　　本专题要求掌握裙子版型知识，根据参考款式，运用所学版型制图方法，完成时装裙的版型设计与制作。具体要求如下：

　　（1）制作工业生产制造单（注明款式、尺码规格、工艺明细设计和设计面料小样）；

　　（2）版型结构设计（根据 165/66A 进行尺寸规格设计）；

　　（3）成衣制作；

　　（4）成衣作品形象设计、摄像、编辑并打印输出（A4 纸张排版）。

　　参考款式如图 4 – 11 所示。

图 4 – 11　参考款式

实训项目五： 裤装结构与版型设计

裤是在裙的基础上进一步发展而成的，对女性而言是偏中性化的女装，有裆，结构比裙子复杂，是穿着在人体腰围线以下的服装，是下装的最主要的品种之一。它是根据人的腰部、臀部和两腿形态及运动机能设计的。裤子的基本结构主要由一个长度（裤长）和三个围度（腰围、臀围、脚口围）构成。

任务1：裤子分类与基本版型绘制

能力目标：

1. 熟练进行裤子版型结构制版
2. 根据工业生产制造单提供的信息熟练进行工业制版
3. 熟练掌握时装裤子的分割与施褶结构的应用

知识目标：

1. 掌握常见裤子款式结构特点及结构设计原理
2. 掌握裤子的分类与基本结构
3. 掌握裤子腰位和省道的设计
4. 掌握裤装的综合版型变化与应用规律

一、裤子的分类

女裤虽说是在男裤的基础上演变而来，但在造型上的变化远比男裤要丰富。主要分类有以下几种：

1. **按裤子的长短分类**

可分为长裤、中裤、短裤、超短裤等。如图5-1所示。

2. **按裤子的外部轮廓造型分类**

裤子廓形可分为四种：筒形裤、锥形裤、喇叭形、裙裤。

（1）筒形裤

筒形裤的臀部比较合体，裤筒呈直筒状。在结构上遵循了裤子的基本结构，裤口宽比中裆小1～2 cm，裤长到脚踝处。

（2）锥形裤

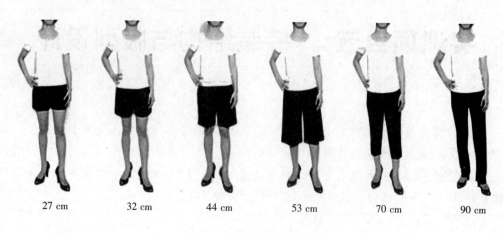

27 cm　　32 cm　　44 cm　　53 cm　　70 cm　　90 cm

图 5 - 1　按裤子的长短分类

锥形裤在造型上强调臀部，缩小裤口宽度，形成上宽下窄的倒梯形。为了夸张臀部、腰部，可用剪切法在基本裤子中缝线处剪开纸样，腰部分开部分为增加的褶量。锥形裤的长度不应超过脚踝处，裤口尺寸应适当减小，突出造型。

（3）喇叭裤

喇叭裤在造型上收紧臀部，加大裤口宽度，形成上窄下宽的梯形。由于裤口宽度的增加，要加长裤长至脚面，另外，依据造型需要中裆线可以向上移动，形成微型喇叭裤型、大喇叭裤型。

（4）裙裤

裙裤是将裙子和裤子的结构结合起来设计的，因此它既有裙子的风格，又保留了裤子的直裆结构。裙裤的结构上裆部与裙子相同，下裆部仍由两个裤筒构成，裤筒的结构趋向裙子的造型结构。因裙裤的裆宽尺寸加大，使裆部出现余量，使得后翘消失，后裆缝线变成直线。

3. 按裤腰的高低分类

可分为低腰款型、中腰款型、高腰款型三大类。

4. 按裤子的合体程度分类

按裤子臀围的合体程度，可分为紧身型、适体型与宽松型三大类。

二、裤子基本版型结构设计原理

1. 前后中心线

前中心线和后中心线处于人体的前后中心位置，由于人体体型和运动的原因，前中心线较直，后中心线呈倾斜角度，形成"直裆"。

2. 前后腰围线

裤子的前后腰围线是根据人体所处的部位而命名的，前后腰围线的结构不同。由于裤子裆部的牵制作用，后裤片腰线必须起腰翘并且呈斜线造型。

3. 前后内缝线

前后裤子内缝线是裤子内侧的结构线，两条结构线经过工艺缝合拼接形成裤腿，虽然两条结构线弯曲度不同，但应尽量保证长度一致。

4. 前后侧缝线

前后侧缝线是下肢髋骨和外侧的结构线，因为结构工艺，两条侧缝线要拼接缝合，所以虽说弯曲度不同，但也要保证长度一致。

5. 前后臀围线

裤子臀围线除了有判断臀部高低的作用外，还制约着裤裆的深浅。

6. 前后裆弯弧线

前裆弧线是指腹部到臀部的转弯线，因为腹凸位置比较靠上所以弯曲度小且平缓，俗称"小裆弯"。后裆弧线是指臀部转向腹部的转弯线。因为臀凸位置低，且凸起量较大，所以弯曲度较深。前后裆弯弧线一起构成了人体的下半身的厚度。

7. 前后裤口线

前后裤口是指前后脚口的宽度，由于人体臀部比腹部的容量大，所以，一般后裤口比前裤口大一些，以取得裤子整体结构上的平衡。

三、基本裤型（直筒裤）结构设计

1. 成衣款式图（图 5-2）

图 5-2 直筒裤款式图

2. 基本结构款式特征

整体造型呈长方形，从腰围到臀围比较合体，从大腿到膝部宽松，所以从侧面看造型比较美观，能够弥补体型上的不足。直筒裤是整体上松量比较均衡的款式。前腰有双活褶设计，后腰有双省道设计。这样的结构设计能增加穿着的舒适性，也有利于在侧缝中设置直插口袋或斜插口袋。

3. 成品各部位规格（表 5-1）

表 5-1　直筒裤成衣规格表

单位：cm

号型	部位名称	裤长	臀围	腰围	脚口	立裆
165/68A	部位代号	L	H	W	SB	
	成品尺寸	98	92	72	40	23

4. 制版步骤及要点

直筒裤制图见图 5-3。

（1）前裤片

①侧缝基础线：离开布边 1.5 cm 作一直线，与布边平行。

②脚口线：与布边垂直，预留贴边 4 cm。

③裤长线：裤长 98 cm - 腰宽 4 cm = 94 cm。

④横裆线（上裆长）：H/4 = 23 cm

⑤臀围线：上裆长的 2/3 = 15.3 cm。

⑥中裆线：脚口线至臀围线的 1/2 提高 3 cm。

⑦前臀围大：H/4 - 1 = 22 cm。

⑧前腰围大：W/4 - 1 + 6（褶裥量）= 23 cm。

⑨前裆宽：H0.4/10 = 3.68 cm

⑩烫迹线：在横裆线上，由侧缝基础线劈进 0.7 cm 至前裆宽的中点。

⑪前脚口大：脚口 20 cm - 2 cm = 18 cm，以烫迹线两边平分。

（2）后裤片

将腰口线、臀围线、横裆线、中裆线、脚口线延长。

①侧缝基础线：与布边平行。

②烫迹线：H2/10 - 1 = 19.4 cm。

③后臀围大：H/4 + 1 = 24 cm。

④后裆低落：按前片横裆线，在后裆处低落 0.7 cm。

⑤后裆缝线：按前烫迹线与前腰线之间距离一半与后臀围大连线。

⑥后腰围大：W/4 + 1 + 4.5（省量）= 23.5 cm。

⑦后裆宽：H/10 = 9.2 cm。

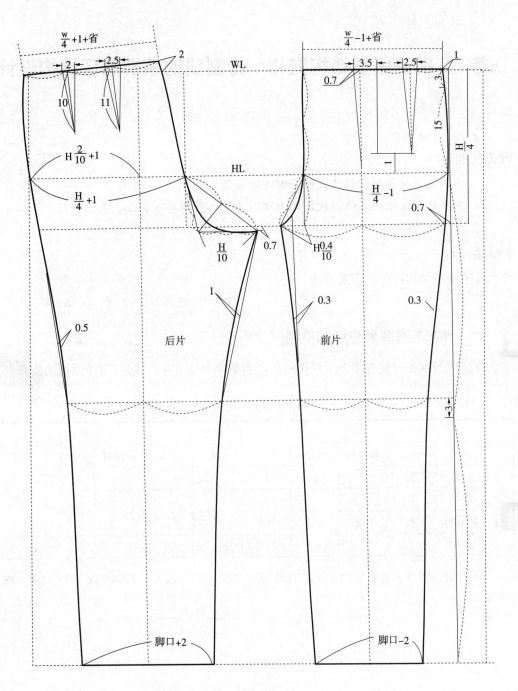

图 5-3　直筒裤制图

任务 2：裤子版型结构变化：分割线时装裤版型结构设计

能力目标：

1. 运用裤子结构变化规律进行分割裤的版型制版
2. 掌握裤子变化款式纸样设计的原理、方法，并能举一反三，灵活运用

知识目标：

裤子版型结构变化原理及方法

一、分割线时装裤生产制单制版分析

依据广州伊都时装有限公司提供的生产制造单（表 5-2）进行工业制版的实践。

表 5-2　广州伊都时装有限公司生产制造单

款名	s-938#		品名	鱼形分割裤	下单日期			主料名称	
主要原辅料	名称	单位	单用料	规格	实发	名称	单位	单用料	规格	实发
	拉链	条	1							
	纽扣	个	1							
	粘合衬	米	0.2							

分割线位置位于侧缝腰下 7 cm 处，分割线要求曲度左右一致，符合腿部曲线，膝盖略收，裤脚略放

规格尺寸（单位：cm）						
规格 部位	S	M	L	XL	XXL	备注
腰围	64	66	68	70	72	
臀围	88	92	96	100	104	
裙长	98	100	102	104	106	
脚口	58	60	62	64	66	
衣长						
袖长						
胸围						
肩宽						
背宽						
袖口						

手工、烫部：

    门襟上拉链，腰头钉1粒纽扣，腰头粘衬平整，其他按常规生产

尾整、包装：

设计		版师		制单		审核	

二、版型结构设计要点

1. 规格设计

选号型 165/66A，主要部位的规格设计：腰围 W = 66 cm，臀围 H = 88 cm + 4 cm = 92 cm，裤长 = 100 cm，脚口 = 60 cm。

2. 结构设计

前片结构在腰部设计了一个省道；后片结构在腰部设计了两个省道，在裤子的臀围线以下外侧缝做弧形线分割设计至脚口。裤子通过这种竖向分割改变了组成的片数，使得造型显得修长。

分割线时装裤版型结构设计，如图 5-4 至图 5-6 所示。

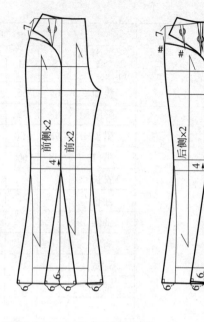

图 5-4　分割线喇叭裤

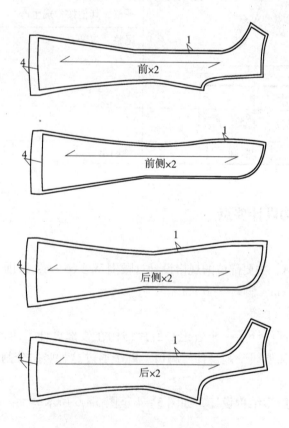

图 5-5　分割线喇叭裤放缝图

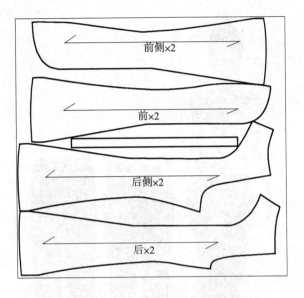

图 5 – 6　分割线喇叭裤排料图

项目小结

　　本专题首先介绍了基本裤子结构设计的原理。通过本项目的学习和实训，学生可以掌握裤子的分类、各部位结构设计特点，以及时装裤子的结构变化设计原理和应用。

课后拓展能力训练

　　本专题要求掌握裤子版型知识，根据参考款式（图 5 – 7），运用所学版型制图方法，完成时装裤的版型设计与制作。具体要求如下：

　　（1）制作时装裤工业生产制造单（注明款式、尺码规格、工艺明细设计和设计面料小样）；

　　（2）版型结构设计（根据 165/68A 进行尺寸规格设计）；

　　（3）成衣制作；

　　（4）成衣作品形象设计、摄像、编辑并打印输出（A4 纸张排版）。

图5-7　参考款式

实训项目六： 衬衫类结构与版型设计

衬衫，原是指穿在西服等套装内部用于衬托外衣的。在服装的各种品类中非常重要。衬衫风格多样，款式和用料变化非常丰富。材质上可以使用朴实、大方、富有亲和力的棉、麻型面料，也可以使用豪华、飘逸的丝绸面料。造型风格上，有宽松休闲的 H 型衬衫，活泼可爱的 A 型衬衫以及婀娜多姿的 X 型衬衫。衬衫因其穿着自由，并能适应不同场合需要，所以深受广大女性的喜爱。

任务 1：衬衫分类与基本版型绘制

能力目标：

1. 能够熟练进行基础衬衫版型结构的制版
2. 能够熟练根据衬衫款式图进行结构制版
3. 能够在衬衫基础结构上进行局部结构变化

知识目标：

1. 掌握衬衫的分类
2. 掌握衬衫的结构特点及版型结构设计应用原理
3. 掌握衬衫衣身及袖子、领子的绘制要点

一、衬衫的类型

1. 按衬衫穿着的方式分类

套头式衬衫：指衬衫的整体呈筒形，没有通体的开襟。

开襟式衬衫：在前身通体开襟，穿着时将门襟打开才能穿入，又有前开襟、后开襟和偏襟之分。

2. 按衬衫领部的款式分类

有领式衬衫：按领型的样式分为立领、方领、扁领、西装领等。

无领式衬衫：无领片，只变化领弧线。按领口造型分为一字领、V 领、U 领、船领等。

3. 按衬衫的袖子长短款式分类

可分为无袖、盖袖、短袖、中袖、七分袖、长袖等。

4．按衬衫的袖子外形分类

可分为泡泡袖、喇叭袖、灯笼袖、郁金香袖、羊腿袖等。

二、衬衫的整体版型廓形设计

衬衫版型的设计首先应当按照衬衫由外到内、由整体到局部的规律进入到版型结构设计的更深一层。衬衫的廓形设计首先需要明确的是衬衫是合体型的还是宽松型的。衬衫常见的廓形有 X 型（收腰型）、H 型（直筒型）、A 型（喇叭形）、O 型（上下收口型）。同时还要设计衣身的长短，通常衣身长度在人体髋部附近接近腰围线的就是短衬衫，接近臀围线的就是长衬衫了。衬衫的下摆结构设计，主要有平摆和圆摆两种，但是也有前短后长和前长后短的落差结构设计。在确定了衬衫的整体结构设计后，就可以进入到内部版型结构设计中了。

三、基本款衬衫结构设计

1．成衣款式图（图 6-1）

图 6-1　基本款衬衫款式图

2. 基本款式结构特征

基本款衬衫是所有衬衫款式的最基本的版型,其他任何的款式都是在基本版型结构中变化而来的。衣身合体度为中性,可以通过调整衣身中的省的位置和大小来变化衬衫合体程度。整体造型属于三片版型结构,单片袖,翻领结构设计,前门襟处钉扣五粒,前衣片设计腋下省,腰节省,后衣片设计腰节省,下摆呈弧线形。袖口抽碎褶,袖内缝留开衩。

3. 成品各部位规格(表6-1)

表6-1 成品各部位规格表

单位:cm

号型	部位名称	衣长	胸围	肩宽	领围	袖长	袖口
165/84A	成品尺寸	55	92	38	38	54	13

4. 制版步骤及要点(图6-2)

(1)衣长:55 cm,确定上平线和下平线。

(2)胸围线:$B/4$($B/6+3.5$)$=23$,从上平线下量(或者肩斜线下量)作平行线。

(3)腰节线:号/4,从上平线下量作水平线。

(4)后领宽:$N/5$,从后中线和上平线交点位置水平量。

(5)后肩宽:$SW/2$,从后中线和上平线交点水平往里量。

(6)后背宽:$B/6+2$,从后中线和胸围线交点位置水平往里量然后作水平线为后背宽线。

(7)后胸围:$B/4-0.5$,从后中线和胸围线交点位置水平往里量然后垂直作侧缝线到下平线。

(8)后下摆:以胸围为基准外放 1 cm。

(9)前领宽:$N/5-0.2$,前中线和上平线交点位置往里量。

(10)前领深:$N/5+0.5$,从前中线和上平线交点位置往下量。

(11)前肩宽:$SW/2=20$,从前中线和上平线交点水平往里量。

(12)前胸宽:$B/6+1.5$,从前中线和胸围线交点位置水平往里量然后作水平线为前胸宽线。

(13)前胸围:$B/4+0.5$,从前中线和胸围线交点位置水平往里量然后垂直作侧缝线到下平线。

(14)前下摆:同后下摆。

(15)袖长:54 cm,确定上平线和下平线即袖口线、袖中线。

(16)袖山高:$AH/4=13$,从袖子上平线和袖中线交点往下量袖山高。

(17)袖口宽:12 cm,从袖口线和袖中线交点分别向两边取 8.5 cm。

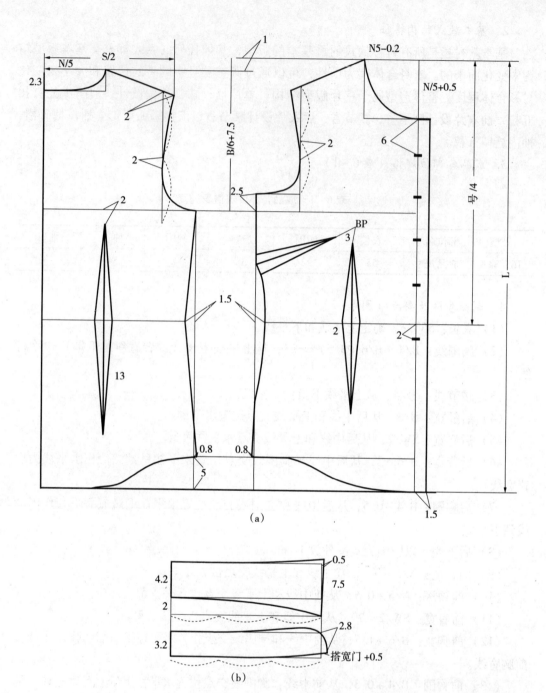

(a)

(b)

1.8
1.5
0.8
1.2

24

5

24

3

（c）

图6-2　基本款衬衫制图

5. 面料放缝图（图6-3）

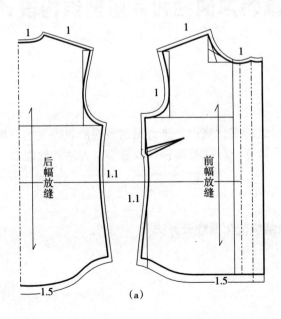

1　　1　　　　1　　1

1

后幅放缝　　1.1

1.1

前幅放缝

1.5

1.5

（a）

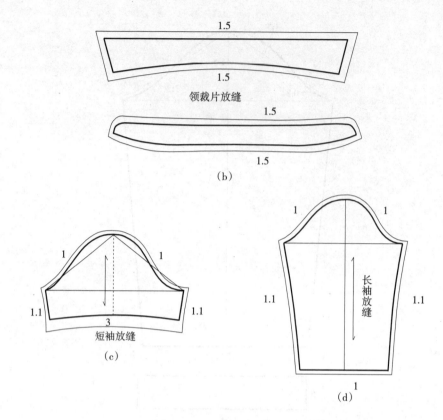

图 6 - 3　基本款衬衫放缝图

任务 2：衬衫版型结构变化：
扁领泡泡袖衬衫版型结构设计

能力目标：

1. 掌握衬衫衣身结构变化规律，进行扁领泡泡袖版型变化结构设计
2. 掌握衬衫领、袖变化款式纸样设计的原理、方法，并能举一反三，灵活运用

知识目标：

衬衫版型领、袖结构变化原理及方法

一、成衣款式图（图6－4）

图6－4　泡泡袖衬衫款式图

二、版型结构设计要点

1. 规格设计

选号型165/84A，主要部位的规格设计如下。

衣长：肩颈点过胸高点量至臀围线处。

胸围：在胸部最丰满处水平量一周加放8～10 cm。

肩宽：正常肩宽缩进2～3 cm。

袖长：从肩端点量至袖肘向上10～15 cm。

2. 结构设计

（1）衣身结构按照基本款式绘制。

（2）胸部腋下省根据款式设计需要进行省道的设计。

（3）袖子按照基本款式绘制，然后进行剪切施加褶量，最后划顺袖山弧线标注褶量。

（4）领子的版型按照衣身配领法绘制，领宽7 cm。

三、版型结构制图（图6-5）

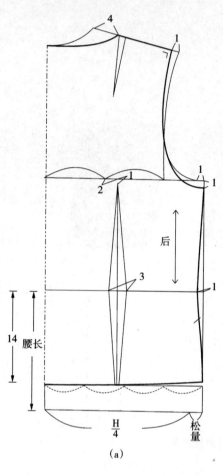
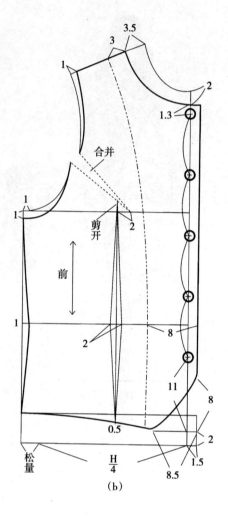

（a）

（b）

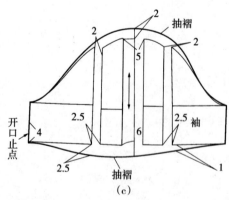

（c）

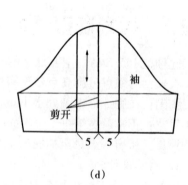

（d）

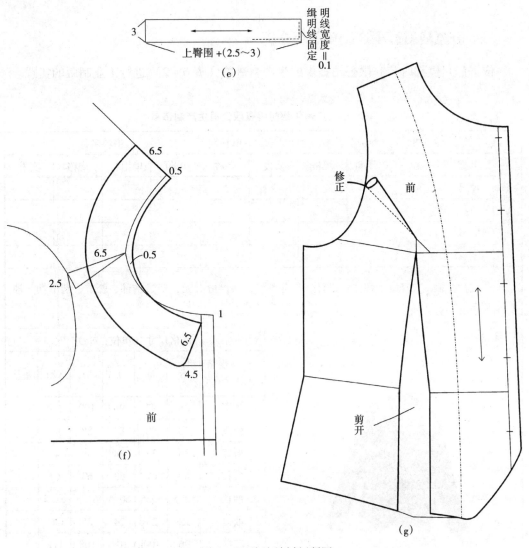

图 6－5　泡泡袖衬衫制图

任务 3：衬衫版型结构变化：分割线衬衫版型结构设计

能力目标：

1. 运用衬衫衣身结构变化规律进行衬衫分割线结构设计
2. 掌握衬衫衣身变化款式纸样设计的原理、方法，进行分割线设计，并能灵活运用

知识目标：

掌握衬衫版型分割线结构变化原理

一、分割线衬衫生产制单制版分析

依据广州伊都时装有限公司提供的生产制造单（表6-2）进行工业制版的实践。

图6-2　广州伊都时装有限公司生产制造单

<table>
<tr><td colspan="2">款名</td><td>s-938#</td><td>品名</td><td colspan="2">女分割线上衣</td><td>下单日期</td><td></td><td colspan="2">主料名称</td><td></td></tr>
<tr><td rowspan="5">主要原辅料</td><td>名称</td><td>单位</td><td>单用料</td><td>规格</td><td>实发</td><td>名称</td><td>单位</td><td>单用料</td><td>规格</td><td>实发</td></tr>
<tr><td>拉链</td><td>条</td><td>1</td><td></td><td></td><td></td><td></td><td></td><td></td><td></td></tr>
<tr><td>纽扣</td><td>个</td><td>12</td><td></td><td></td><td></td><td></td><td></td><td></td><td></td></tr>
<tr><td>粘合衬</td><td>米</td><td>0.3</td><td></td><td></td><td></td><td></td><td></td><td></td><td></td></tr>
</table>

标准衬衫领，衣身按女性体型设计弧形分割线，从侧缝开始，经过胸部、腰节，到下摆，袖版型采用一片式结构

规格尺寸（单位：cm）						
规格 部位	S	M	L	XL	XXL	备注
胸围	88	92	96	100	104	
腰围	76	80	84	88	92	
肩宽	36	37	38	39	40	
衣长	60	61	62	63	64	
袖长	58.5	59.5	60.5	61.5	62.5	
袖口	22	23	24	25	26	
底摆	96	100	104	108	112	

手工、烫部：

　　门襟钉8粒纽扣，每扣距6 cm，搭门开2.5 cm，其他按常规生产

尾整、包装：

设计		版师		制单		审核	

二、版型结构设计要点

1. 规格设计

选号型 165/84A，主要部位的规格设计：胸围 B = 84 + 8 = 92 cm，肩宽 SW = 37 cm，腰围 W = 80 cm，衣长 = 61 cm，袖长 = 58.5 cm，袖口 = 23 cm。

2. 结构设计

前片结构在腋下省和腰省之间进行连接，形成弧线分割结构设计；后片结构在腰部与肩胛省之间进行连接，形成了刀背分割结构设计，在衬衫的衣摆处作弧形线设计。衬衫通过这种竖向胸部分割线版型设计改变了衣身结构组成的片数，同时在整体造型上显得合体和修长。

分割线衬衫版型结构设计，如图 6 - 6 至图 6 - 14 所示。

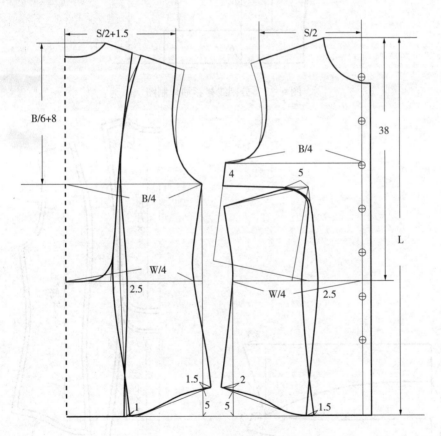

图 6 - 6　分割线衬衫前后衣身制图

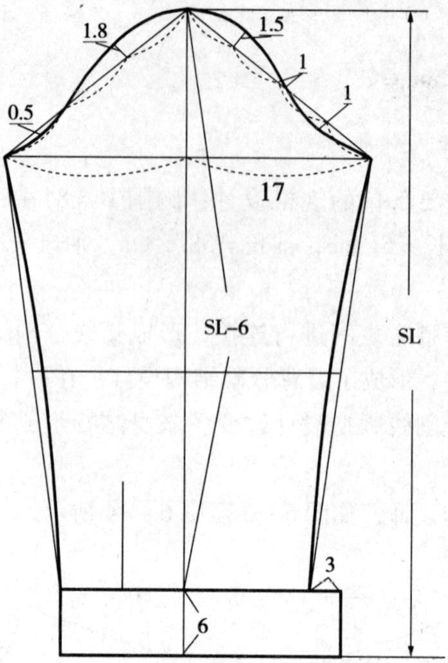

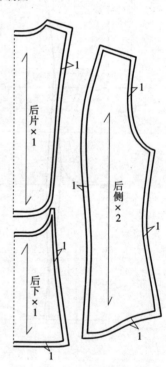

图6-7　分割线衬衫袖片制图

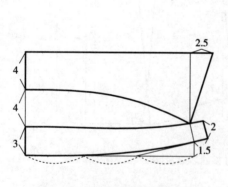

图6-8　分割线衬衫领子制图

图6-9　分割线衬衫后幅放缝图

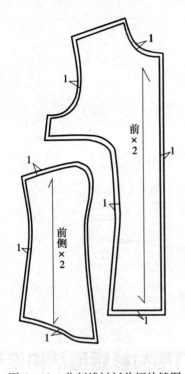

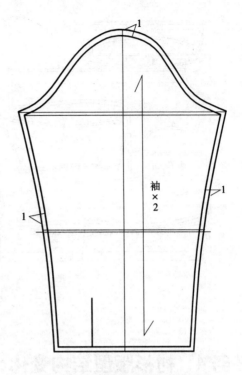

图6-10 分割线衬衫前幅放缝图　　　　图6-11 分割线衬衫袖子放缝图

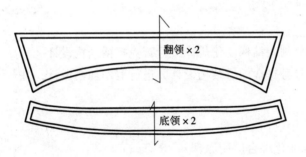

图6-12 分割线衬衫领子放缝图

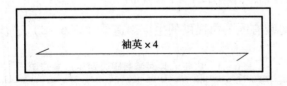

图6-13 分割线衬衫袖排放缝图

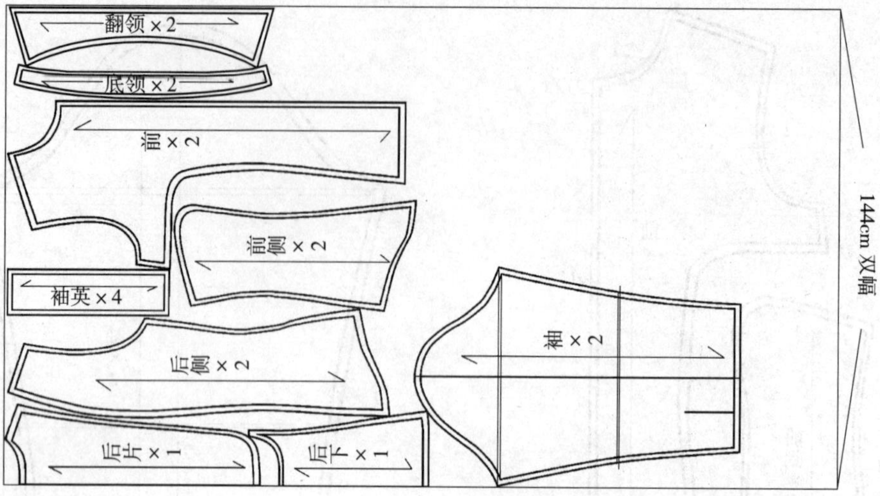

图 6 - 14　女分割线排料图

任务 4：衬衫版型结构变化：育克打褶衬衫版型结构设计

能力目标：

1. 运用衬衫分割线结构变化规律进行育克打褶结构设计
2. 掌握衬衫衣身打褶松量结构设计，进行剪切加褶设计，并能灵活运用

知识目标：

衬衫施褶结构变化综合应用原理

一、育克打褶衬衫生产制单制版分析

依据广州汇驰时装有限公司提供的生产制造单（表 6 - 3）进行工业制版的实践。

表 6 - 3　广州汇驰时装有限公司生产制造单

款名	s - 938#		品名	打褶上衣	下单日期			主料名称		
主要原辅料	名称	单位	单用料	规格	实发	名称	单位	单用料	规格	实发
	拉链	条	1							
	纽扣	个	5							
	粘合衬	米	0.2							

肩部采用育克分割，衣身肩线处抽褶，腰部分割线以下做波形褶，采用盖袖结构

规格 部位	S	M	L	XL	XXL	备注
胸围	90	94	98	102	106	
腰围	72	75	78	81	84	
肩宽	36	37	38	39	40	
衣长	57	59	61	63	65	
袖长	11	12	13	14	15	

规格尺寸（单位：cm）

手工、烫部：

门襟钉 5 粒纽扣，每扣距 10 cm，搭门开 3 cm，其他按常规生产

尾整、包装：

| 设计 | | 版师 | | 制单 | | 审核 | |

二、版型结构设计要点

1. 规格设计

选号型 165/84A，主要部位的规格设计：胸围 B = 84 + 10 = 94 cm，肩宽 SW = 37 cm，腰围 W = 75 cm，衣长 = 59 cm，袖长 = 12 cm。

2. 结构设计

前片结构在肩线偏前 3 cm 处设计横向育克线，后片在肩线下 9 cm 处设计横向育克线。衣身结构分别关闭胸省和肩胛省，省量转移至育克线中做造型抽褶松量。腰部结构设计横向分割线，分割线下半部分进行竖向的分割线平行线切展，平均加放波浪下摆松量。

育克打褶衬衫版型结构设计，如图 6 – 15 至图 6 – 22 所示。

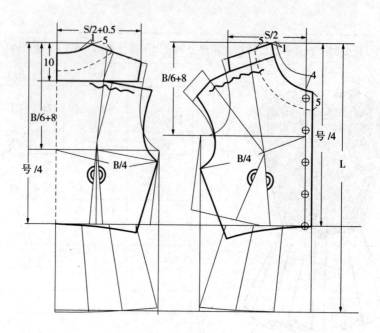

图 6-15　育克打褶衬衫前后衣身制图

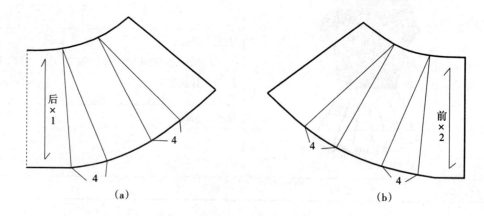

　　（a）　　　　　　　　　　　　　（b）

图 6-16　育克打褶衬衫前后衣身下摆剪切展开图

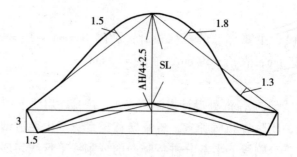

图 6-17　育克打褶衬衫袖片制图

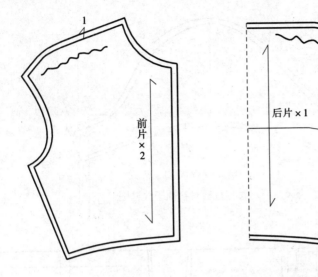

图 6-18　育克打褶衬衫衣身放缝图

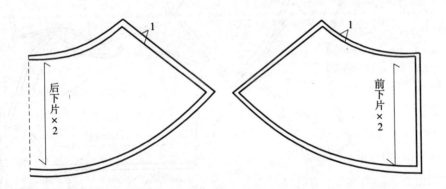

图 6-19　育克打褶衬衫下摆放缝图

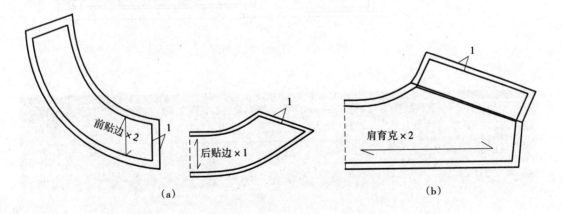

（a）　　　　　　　　　　　　　　　　　（b）

图 6-20　育克打褶衬衫贴边、育克放缝图

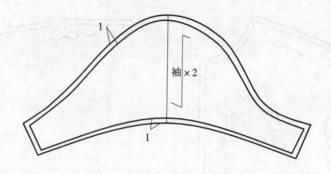

图 6 - 21　育克打褶衬衫袖子放缝图

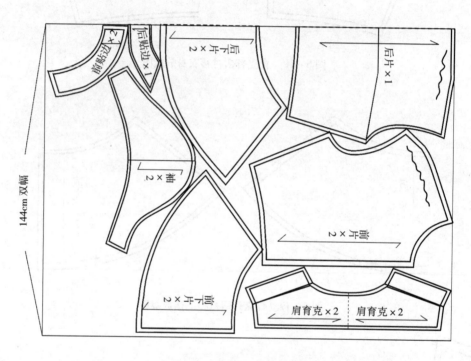

图 6 - 22　打褶上衣排料图

项目小结

　　本专题项目主要介绍了女衬衫基本款式及变化结构设计，技能性、操作性很强，所以在基本款部分是由简到繁、循序渐进地逐渐深入，以突出衬衫基本款应用的重要性，同时也为学习后面的衣身分割线、育克线抽褶版型结构设计打好基础。

课后拓展能力训练

　　根据提供参考素材时装衬衫（图 6 - 23）进行结构制版。具体要求如下：

　　（1）版型结构设计（根据生产制造单中系列规格中 M 码进行 1 : 1 比例结构制版）；

（2）成衣制作（根据工艺单技术要求进行制作，注重传统工艺和新工艺方法的结合）；

（3）成衣作品形象设计、摄像、编辑并打印输出（A4 纸张排版）。

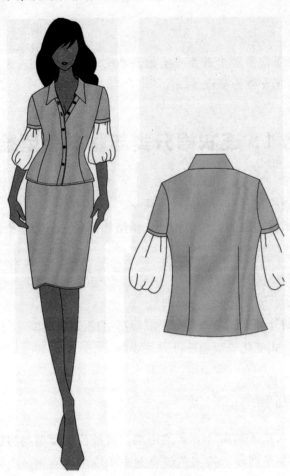

图 6 - 23　参考款式

实训项目七： 连衣裙结构与版型设计

连衣裙作为女性服饰品种中最为重要的品类之一，在形式表达上更加完整，在版型结构设计上更能体现女性的曲线美。

任务1：连衣裙分类与基本版型绘制

能力目标：

1. 能熟练进行连衣裙基本版型结构制版

2. 能熟练运用纸样切展的方法进行连衣裙结构制版，培养学生的分析能力和解决问题能力

知识目标：

1. 掌握连衣裙的外部形态、内部分割线版型结构设计规律

2. 掌握连衣裙款式变化与版型设计方法要领

一、连衣裙的种类

连衣裙根据衣身与裙子的拼合方式的不同，可分为连腰型与接腰型两大类。接腰连衣裙是指把上衣和裙子在腰部按工艺缝合起来构成的连衣裙。此种版型不仅最大限度地合乎人体腰部的形态，而且又有一定的装饰性。这种横向的腰线可以设计在正常腰线上，也可以在低腰和高腰的位置上，不同的位置变化会产生不同的结构规律和装饰效果，如图7-1所示。

图7-1　连衣裙腰线高低变化

连衣裙根据外轮廓造型的不同，可分为 X 型、A 型、H 型三种；根据分割腰线方向的不同，可分为横向线分割、纵向腰线分割、斜向腰线分割以及组合分割几种，如图 7-2 所示。

| 连腰型 | 肩背分割线X型 | 直腰型 | A字型 |

图 7-2　连衣裙廓型分类

二、连衣裙的基本版型结构设计原理

连衣裙无论是连腰型的还是接腰型的，它们对放松量的要求都是一样的。

1. 胸围的放松量设计

抹胸类连衣裙：如礼服和婚纱版型结构，由于几乎不受手、肩运动的影响，因此胸围放松量加放可以在 2 cm 之内。

无袖连衣裙：虽然没有袖片结构的限制，但肩部的运动还是会有影响的。因此，胸围的放松量可以在 4～6 cm 之间。

短袖或长袖连衣裙：手臂和肩膀的运动会牵制衣身版型结构尺寸，所以根据袖子合体程度松量加放在 8～10 cm。

2. 腰围放松量的设计

连衣裙要考虑人体弯腰等手臂运动对其腰部的影响。因此，腰部的放松量要根据肩部及整体廓形的变化来变化，最低限度不小于 2 cm。

3. 臀围的放松量设计

臀围是人体运动的最大受力部位，因此一般情况下，臀围的加放量要大于腰围的放松量。

三、基本连衣裙型（接腰型）结构设计

1. 成衣款式图（图7-3）

图7-3　基本款连衣裙款式图

2. 基本裙型结构特征

U形圆领口，后中装拉链，盖袖，衣身前后幅均有公主分割线设计，上身版型合体，裙摆版型呈现波浪式结构。

3. 成品规格设计（表7-1）

图7-1　连衣裙成品规格表

单位：cm

号/型	部位名称	裙长	腰围	臀围	腰长	袖长
160/84A	成品尺寸	92	72	94	18	10

（1）胸围的放松量

在胸部最丰满处水平围量一周测得尺寸加放4～6 cm。

（2）腰部的放松量

成品腰围在人体测量数据的基础上，一般加放 6～8 cm 的放松量，以满足人体腰部的舒适量。

（3）臀部的放松量

成品裙子的臀围在人体测量数据的基础上，最少加放 2 cm 的放松量，以满足人体臀围的舒适量。

（4）肩部尺寸

在基本肩宽基础上缩进 2 cm 左右。

4. 前后幅结构制图要点（图 7-4）

（1）连衣裙长。

（2）胸围：B/4，前胸围加，后胸围减。

（3）胸围线：B/6 +7，基础线往下量。

（4）腋下省版型设计 2～2.5 cm，腋下省转移至袖窿省，袖窿省、腰节省连接形成公主线。拼合腋下省移至袖窿公主线中。

（5）后腰部横断开，收去 1 cm 多余松量。

（6）前后侧缝：前后侧缝放摆量，后侧缝放摆，然后分别划顺前后侧缝及裙摆起翘。

（7）前领宽：从侧颈点横量 12 cm。

（8）后领宽：13 cm，比前领宽多 1 cm。

（9）前后肩宽前后撇去 5 cm，后肩线长按前肩取一样，余量全部去掉。另把后肩端点下落 0.5 cm。

（10）前后袖窿公主线：线分别按照前后腰围宽的中点作垂线，然后画出腰省。下摆可以剪切展开，也可分别交叉重叠 2.5 cm，再作直线连接。最后根据腰省和袖窿省结构绘制前后袖窿公主线。

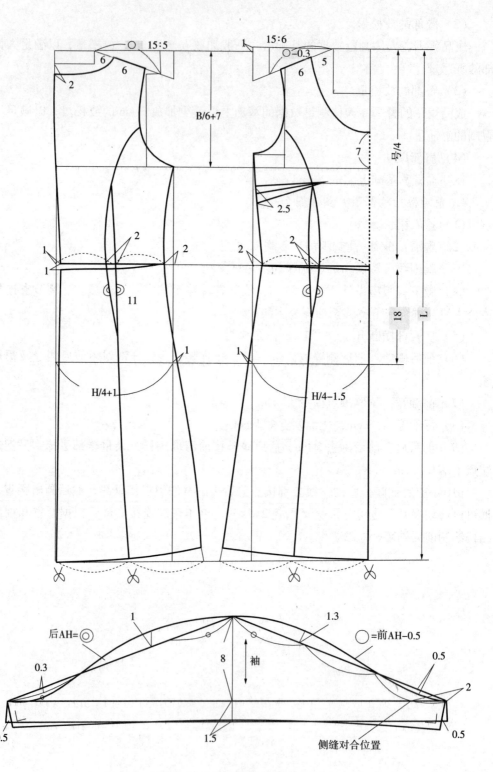

图7-4 基本款连衣裙制图

任务2：裙子版型结构变化：旗袍版型结构设计

能力目标：

1. 熟练运用裙子结构变化原理进行中式旗袍制版
2. 熟练进行省的定位及省量的设计

知识目标：

1. 掌握旗袍的款式特点
2. 掌握传统中式旗袍版型结构原理及制版方法

在中国服饰文化中，不得不谈及的就是旗袍。经过不断的衍变、发展、融合、创新，旗袍最终确定了它的基本形态——线条简练、优美、大方。旗袍不但美观，而且用料省，做工简便，选料面广。日常穿着的旗袍，可选用棉花布制作，朴素大方。如果选用丝绸、织锦缎面料制作，可做礼服服装。

一、成衣款式图（图7-5）

图7-5　旗袍款式图

二、版型结构设计要点

1. 款式特点

衣裳连体，收腰，下摆开衩，凸显曲线轮廓。立领、装袖、偏襟、前身收侧胸省和胸腰省，后身收腰省，领口、偏襟钉葡萄纽三副，领口、偏襟、袖口、摆衩、底边均嵌滚边。

2. 规格设计

选号型 160/84A，主要部位的规格设计：裙长 = 106 cm，胸围 = 88 cm，腰围 = 70 cm，臀围 = 92 cm，领围 = 35 cm，肩宽 = 39 cm，袖长 = 20 cm。

3. 结构设计

旗袍作为我国民族服饰的典型代表，既保持了民族艺术的传统特色与风格，又吸取了西式服装结构的造型特点，结构精确，贴合体型，造型典雅大方。旗袍属于四开身结构，衣身属于贴体型，所以在省量的分配上一定要合理，省长的两端距离胸高点和臀高点 3～5 cm。

旗袍版型结构设计，如图 7−6 所示。

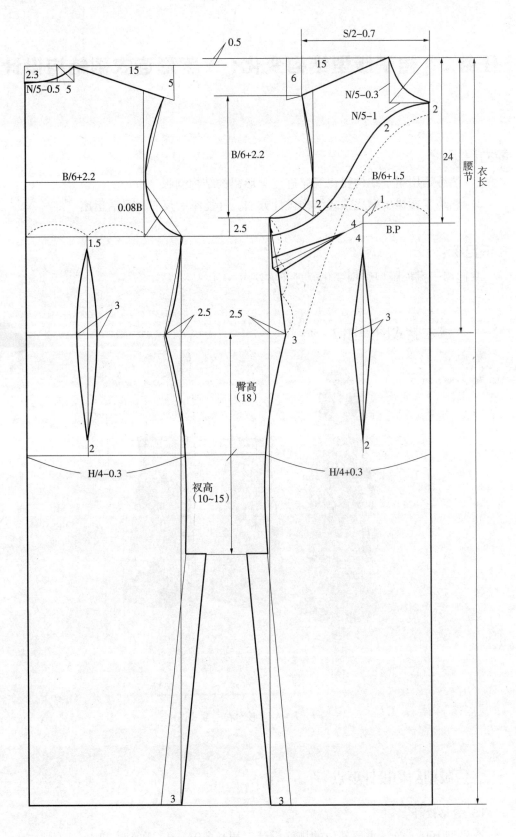

图 7－6　旗袍制图

任务3：裙子版型结构变化：A字形连衣裙结构设计

能力目标：

1. 熟练运用裙子结构变化规律进行伞形裙类结构制版
2. 熟练掌握裙子变化款式结构设计方法，并能举一反三，灵活运用

知识目标：

掌握裙子宽松版型结构变化原理及方法

一、成衣款式图（图7-7）

图7-7　A字形连衣裙款式图

二、版型结构设计要点

1. 规格设计

选号型160/84A，主要部位的规格设计：裙长=93 cm，胸围=92 cm。

2. 结构设计

此款连衣裙款式简洁大方，衣身轮廓为 A 字形。袖窿处收省，胸部较合体，向下逐渐展开。由于不收腰省，后肩省合并，转移至袖窿处作为松量。下摆的造型松量是通过纸样切展施加进去的，松量的多少要综合考虑造型因素和面料质地因素。

A 字形连衣裙版型结构设计，如图 7 - 8、图 7 - 9 所示。

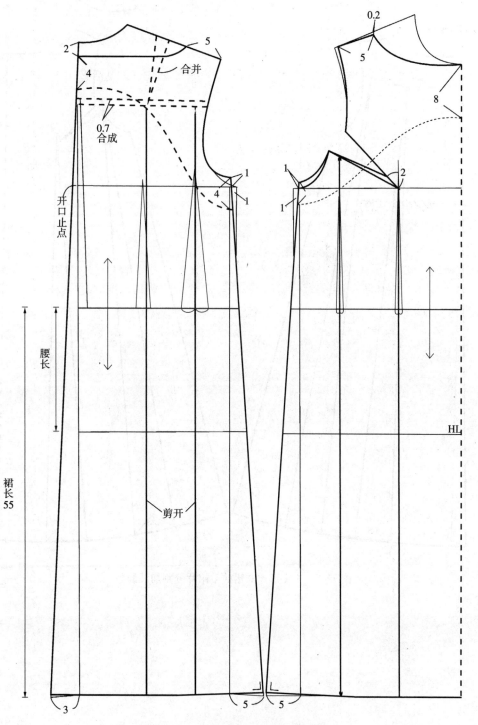

图 7 - 8　A 字形连衣裙前后裙片制图

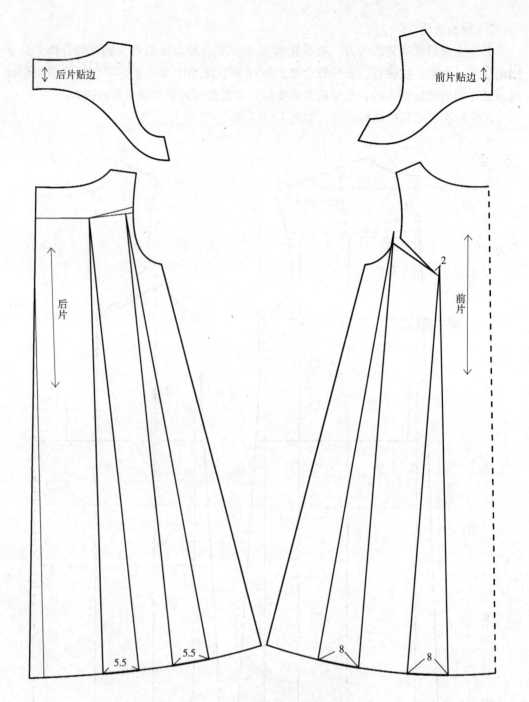

图 7-9　A 字形连衣裙前后裙片分割切展制版

任务4：裙子版型结构变化：高腰抽褶连衣裙结构设计

能力目标：

1. 熟练运用裙子结构变化规律原理进行前中抽褶紧身裙的版型制版
2. 熟练掌握裙子剪切施加松量纸样设计的原理、方法，并能举一反三，灵活运用

知识目标：

掌握时装裙版型结构变化原理及方法

一、成衣款式图（图7-10）

图7-10　高腰抽褶连衣裙款式图

二、版型结构设计要点

1. 规格设计

选号型160/84A，主要部位的规格设计：裙长 = 85 cm，胸围 = 92 cm，腰围 = 74 cm，臀围 = 96 cm。

2. 结构设计

此款连衣裙的结构特点是在分割线中运用纸样切展方法加入了碎褶设计。版型制作先将侧缝省合并，拉开需要添加褶量的部位，再设计一条新的辅助线进行纸样的剪切，并展开版型需要的抽褶的松量。具体根据款式和面料设计。

高腰抽褶连衣裙版型结构设计，如图7－11、图7－12所示。

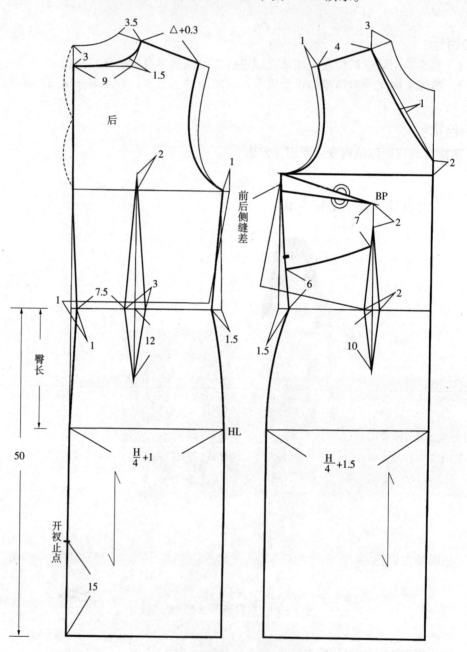

图7－11　高腰抽褶连衣裙前后片制图

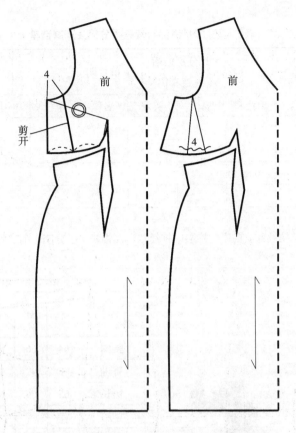

图 7 – 12　高腰抽褶连衣裙前后片省道合并转移图

项目小结

　　本专题项目主要介绍了连衣裙常规款式版型结构设计原理。首先介绍了连衣裙的分类、基本结构和版型设计原理，然后介绍了连衣裙结构制图方法及要点，最后介绍了连衣裙版型变化设计的原理、方法。通过本项目的学习和实训，可以让学生掌握连衣裙的制版方法，并能灵活应用。

课后拓展能力训练

　　根据伊都时装有限公司提供的生产制造单，运用所学版型制图方法，完成连衣裙的制版。

　　具体要求如下：根据生产制造单信息，选择其中一个系列的规格进行平面制版（注明款号、尺码规格、布纹方向）。参考生产制造单表 7 –2。

表7-2 广州伊都时装有限公司生产制造单

款名	L-1164#	品名	分割抽褶连衣裙	下单日期		主料名称				

<table>
<tr><td rowspan="5">主要原辅料</td><td>名称</td><td>单位</td><td>单用料</td><td>规格</td><td>实发</td><td>名称</td><td>单位</td><td>单用料</td><td>规格</td><td>实发</td></tr>
<tr><td>里料</td><td>米</td><td>0.8</td><td></td><td></td><td></td><td></td><td></td><td></td><td></td></tr>
<tr><td>拉链</td><td>条</td><td>1</td><td></td><td></td><td></td><td></td><td></td><td></td><td></td></tr>
<tr><td>粘合衬</td><td>米</td><td>0.3</td><td></td><td></td><td></td><td></td><td></td><td></td><td></td></tr>
<tr><td></td><td></td><td></td><td></td><td></td><td></td><td></td><td></td><td></td><td></td></tr>
</table>

方形领，无袖结构设计。前中门襟装一排纽扣，高腰线水平分割，胸部收省

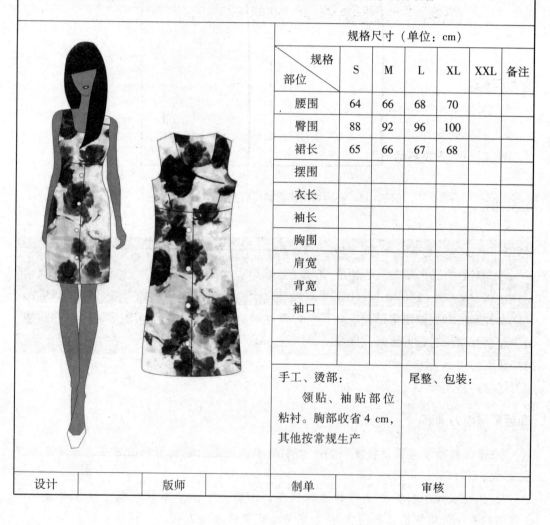

规格尺寸（单位：cm）

规格 部位	S	M	L	XL	XXL	备注
腰围	64	66	68	70		
臀围	88	92	96	100		
裙长	65	66	67	68		
摆围						
衣长						
袖长						
胸围						
肩宽						
背宽						
袖口						

手工、烫部：
　　领贴、袖贴部位粘衬。胸部收省4 cm，其他按常规生产

尾整、包装：

设计		版师		制单		审核	

实训项目八： 西装外套结构与版型设计

中国第一套国产西装诞生于清末，是"红帮裁缝"为知名民主革命家徐锡麟制作的。徐锡麟于1903年在日本大阪与在日本学习西装工艺的宁波裁缝王睿谟相识。次年，徐锡麟回国，在上海王睿谟开设的王荣泰西服店定制西服。王睿谟花了三天三夜时间，全部用手工缝制出中国第一套国产西装。

任务1：西装外套分类与基本版型绘制

能力目标：

1. 能够熟练进行基础西装外套的制版
2. 能够根据西装外套款式图来进行平面结构绘制
3. 能够在西装基础结构上熟练进行局部结构变化和设计

知识目标：

1. 掌握西装外套的分类
2. 掌握和认知西装外套的结构特点及应用原理
3. 掌握西装外套衣身及袖子、领子的绘制

女性穿的现代西服多限于商务场合。女性西装比男性西装更轻柔，裁剪也较贴身，以凸显女性身形充满曲线感的姿态。20世纪50年代中期前，女外套变化较大，由原来的掐腰改为松腰身，长度加长，下摆加宽，领子除翻领外，还有关门领，袖口大多采用另镶袖，并自中期开始流行连身袖，造型显得稳重而高雅。在20世纪60年代中后期，女外套普遍采用斜肩、宽腰身和小下摆，直腰长，其长度至臀围线上。到了20世纪70年代女外套又恢复到40年代以前的基本形态，即平肩掐腰。在20世纪70年代末期至80年代初期，西装又有了一些变化，而女西装则流行小领和小驳头，腰身较宽，底边一般为圆角。

一、西装的分类及特点

西装除了按照穿着者、穿着场合以及西装件数分类之外，还可以按照上衣的纽扣数量以及版型来分类。

1. 按西装上衣的纽扣排列分类

按西装上衣的纽扣排列来划分，分单排扣西装上衣与双排扣西装上衣。

单排扣的西装上衣，最常见的有一粒纽扣、两粒纽扣、三粒纽扣三种。一粒纽扣、三粒纽扣的单排扣西装上衣穿起来较时髦，而两粒纽扣的单排扣西装上衣则显得更为正规一些，常穿的单排扣西服款式以两粒扣、平驳头、枪驳头、圆角下摆款为主。

双排扣的西装上衣，最常见的有两粒纽扣、四粒纽扣、六粒纽扣等三种。两粒纽扣、六粒纽扣的双排扣西装上衣属于流行的款式，而四粒纽扣的双排扣西装上衣则明显具有传统风格。常穿的双排扣西装是六粒扣、戗驳领、方角下摆款。

西服后片开衩分为单开衩、双开衩和不开衩。

2. 按版型分类

所谓版型，指的是西装的外观轮廓。主要有四大基本版型。

（1）欧版西装：在欧洲大陆，比如意大利、法国流行的，总体上都称为欧版西装。最有名的代表品牌有阿玛尼、费雷。欧版西装的基本轮廓是倒梯形，实际上就是肩宽收腰。

（2）美版西装：美版西装就是美国版的西装，基本轮廓特点是 O 型。它宽松肥大，适合休闲场合穿。所以美版西装往往以单件居多，强调舒适，随意风格。

（3）日版西装：日版西装的基本轮廓是 H 型的。它适合亚洲人的身材，没有宽肩，也没有细腰。一般多是单排扣样式，衣服后不开衩。

（4）韩版西装：韩版西装的基本特点就是修身时尚休闲，比较收腰，所以都是以修身时尚和休闲为主打形象，非常适合现在一些不需要正装的年轻人。一般而言，韩版西装都是在非工作的休闲场所中最常使用的休闲西装，非常受现代年轻女性的喜欢。

二、西装外套结构设计原理

1. 衣长：从肩颈点过胸高点量到所需长度。
2. 胸围：在胸部最丰满处水平围量一周所测得尺寸加放 10～12 cm。
3. 腰围：胸腰差控制在 14～16 cm。
4. 臀围：在臀部最丰满处水平围量一周所测得尺寸至少加放 4 cm。
5. 肩宽：从左肩端点量至右肩端点，加 1～2 cm。
6. 袖长：从肩端点绕肘点量至虎口上 3～4 cm。

三、西装外套基本款结构设计

1. 成衣款式图（图 8 - 1）

图 8-1　西装外套款式图

2. 基本结构款式特征

图 8-1 所示西装是女式西装外套款式最基本的版型，平驳头、圆形门襟下摆、刀背缝分割线、挖袋、两片式大小袖、不开衩、袖头钉三粒纽扣，衣长在臀围线处。适合各种精仿呢绒面料、各式线呢，也可以用绒类面料制作。其他任何款式都是在基本版型结构中变化而来的。合体型西装外套一般穿于衬衫和毛衫之外，是春、秋季女性必备的服装之一。

3. 成品各部位规格（表 8-1）

表 8-1　西装外套规格表

单位：cm

号型	部位名称	衣长	胸围	腰围	肩宽	袖长	袖口
160/84A	成品尺寸	62	94	76	39	55	14

4. 西装外套版型结构制图步骤及要点

（1）前领口撇胸 1.2 cm。

（2）前后衣身省量的处理如图 8-2 所示。

前片：前胸省转移到公主线分割线中，前中心线撇胸 1.5 cm。

后片：后片的省量转移至袖窿中作为宽松量，其余的在后小肩线中通过工艺缝缩处理。

（3）分割线版型的设计：确定分割线位置主要从两个方面考虑，一是为更好地体现人体曲线，因此分割线位置一般设计在人体凹凸变化的部位和体型线（胸宽线或背宽线）附近；二是要线条流畅，方便制作。如果分割线弧度过大，一方面增加制作难度，同时还容易使造型不圆顺、不流畅。因此，前片分割线可偏离 BPP 点一定距离，但最好控制在 3 cm 以内。过远无法满足胸高的要求，不符合人体实际曲线。后片的分割线在造型上宜平直一点，以防止后片分割线缝合后出现鼓包现象。

（4）前胸围大于后胸围 1 cm。

（5）女西装平驳领驳头止点设在胸围线下 6 cm。

（6）口袋位置设计在前胸围下 3～5 cm。

（7）两片袖制版：袖中点向前偏 1 cm，袖山吃量 4 cm 左右，袖肘线从袖山顶点向下号/5 + 1 cm 或者 SL/2 + 3 cm 确定。西装外套大小袖制图如图 8 - 3 所示。

（8）袖山吃势的大小主要决定于面料、袖型及加工方式。毛呢类面料、合体袖型吃势大，可控制在 2～4 cm；棉、麻、化纤等面料以及宽松的袖型吃势小，可控制在 1～2 cm。

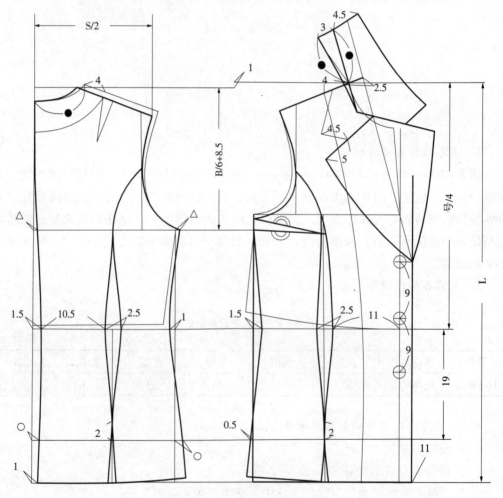

图 8 - 2　西装外套前后衣身制图

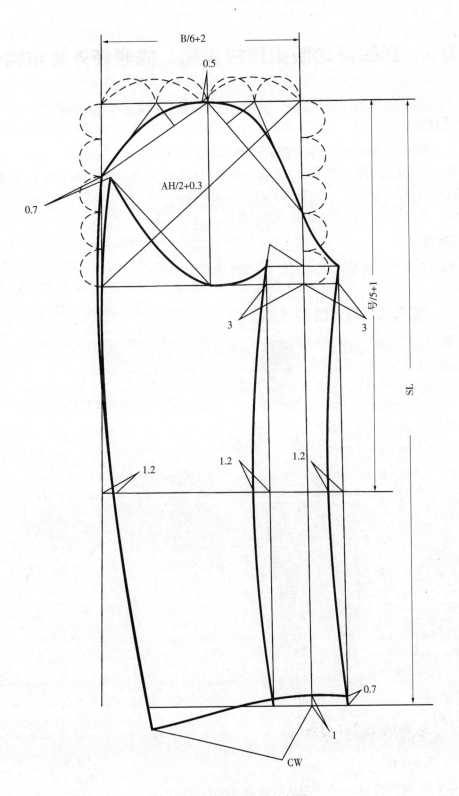

图 8 – 3　西装外套大小袖制图

任务2：西装外套版型结构变化：戗驳领外套结构设计

能力目标：

1. 熟练运用西装外套衣身结构变化规律进行制版

2. 熟练运用西装戗驳领、大小袖结构变化设计的原理、方法进行制版，并能灵活运用

知识目标：

掌握西装外套版型衣身结构变化、领结构原理及方法

一、成衣款式图（图8-4）

图8-4　戗驳领外套款式图

二、版型结构设计要点

1. 规格设计

选号型165/84A，主要部位的规格设计如下：

衣长：从肩颈点过胸高点量至所需长度。

胸围：在胸部最丰满处水平量一周加放 10 ~ 12 cm。

腰围：胸腰差控制在 14～16 cm。

肩宽：正常肩宽加放 1～2 cm。

袖长：从肩端点绕肘点量至虎口上 3～4 cm。

2. 结构设计

（1）前领口撇胸 1.2 cm。

（2）胸部省转移至领口，驳头一定要盖过省位，结合款式特点，前后衣长设计差量 5 cm。

（3）前胸围大于后胸围 1 cm。

（4）戗驳领结构可以在衣身上直接设计，然后以翻折线为对称轴进行结构制版。

（5）肩线吃势 0.5 cm。

（6）两片袖制版：袖中点向前偏 3 cm，加大大袖结构，减小小袖结构。袖山吃量 4 cm 左右，袖肘线从袖山顶点向下号/5＋1 cm 或者 SL/2＋3 cm 确定。

戗驳领外套版型结构设计，如图 8－5、图 8－6 所示。

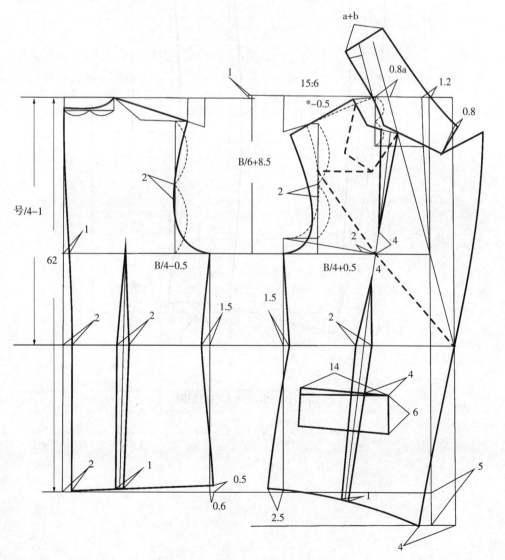

图 8－5　戗驳领外套前后衣身制图

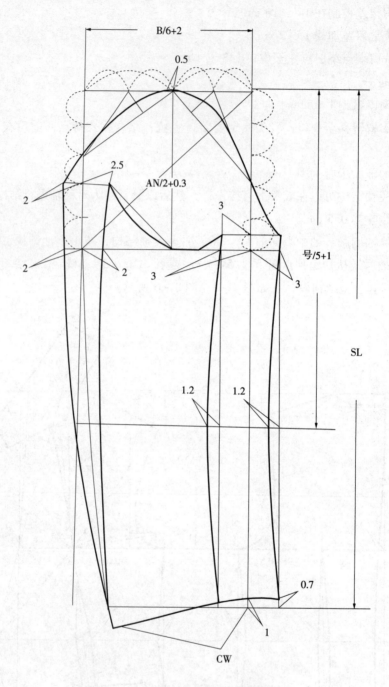

图 8 – 6 戗驳领大小袖制图

任务3：西装外套版型结构变化：
青果领拼接西装结构设计

能力目标：

1. 熟练运用西装外套衣身结构变化规律进行拼接结构制版
2. 熟练运用西装青果领结构设计的原理、方法进行制版，并能灵活运用

知识目标：

1. 掌握青果领西装版型结构变化原理及方法
2. 掌握西装拼接分割结构变化原理及应用

一、成衣款式图（图8-7）

图8-7 青果领西装款式图

二、版型结构设计要点

1. 规格设计

选号型 165/84A，主要部位的规格设计如下：

衣长：从肩颈点过胸高点量至所需长度。

胸围：在胸部最丰满处水平量一周加放 6～8 cm。

腰围：胸腰差控制在 8～12 cm。

肩宽：正常肩宽加放 1 cm。

袖长：从肩端点绕肘点量至虎口上 5 cm。

2. 结构设计

（1）青果领结构设计实际上属于无领嘴翻领结构的设计。常规的西装翻领一般都是带有领嘴的结构。领嘴的张角，实际起着翻领和衣身容量的调节作用。因此带领嘴翻领的领底线倒伏量的设计通常较为保守，而青果领这种翻领明显不存在领嘴结构，领子的调节作用也就不存在了，因此青果领的领底线的倒伏量要适当增加，一般调节量 ±0.5 cm。

（2）衣身的分割拼接完全是建立在装饰和合体等服装结构的功能意义上的。在分割线结构设计上，无论是直线分割、弧线分割或组合线形式的分割，实际上都是一种和谐有序的体现。

（3）后背中心线结构按照人体实际曲线进行修整。

（4）青果领结构仍然在衣身上直接进行结构设计，然后以翻折线为对称轴进行结构制版。

（5）两片袖制版：袖中点向前偏 3 cm，加大大袖结构，减小小袖结构。袖山吃量 4 cm 左右，袖肘线从袖山顶点向下号/5 +1 cm 或者 SL/2 +3 cm 确定。

青果领西装版型结构设计，如图 8 - 8、图 8 - 9 所示。

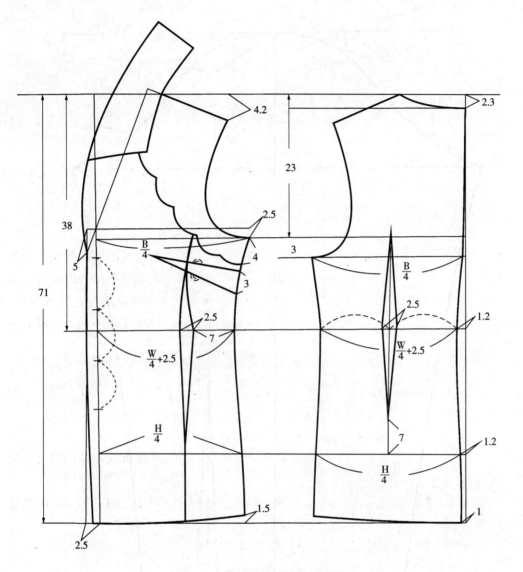

图 8-8 青果领西装前后衣身制图

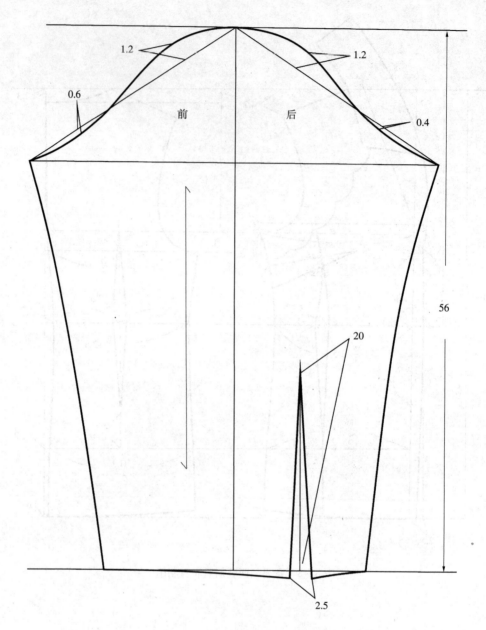

图 8-9 青果领西装大小袖制图

任务 4：西装外套版型结构变化：
波浪领西装外套结构设计

能力目标：

   1. 熟练运用西装衣身结构变化规律进行公主线结构制版

   2. 熟练运用时装领结构变化设计的原理、方法进行制版，并能看图出样

知识目标：

掌握西装外套时装领结构变化原理及方法

一、成衣款式图（图 8 – 10）

图 8 – 10　波浪领西装外套款式图

二、版型结构设计要点

1．规格设计

选号型 165/84A，主要部位的规格设计如下：

衣长：从肩颈点过胸高点量至所需长度。

胸围：在胸部最丰满处水平量一周加放 6～8 cm。

腰围：胸腰差控制在 10～12 cm。

肩宽：正常肩宽加放 1 cm。

袖长：从肩端点绕肘点量至虎口上 5 cm。

2．结构设计

（1）此翻领领型结构的领线的外容量需要增加波浪的松量，制版方法是通过切展使领外口线增加长度，在纸样处理中，为达到波形褶的均匀分配，采用平均切展的方法完成。

（2）胸部省从腰节开始直通到下摆，并且在衣服下摆处也收省量 0.5～1 cm，使整体外套版型更加趋向紧身合体。

（3）前胸围大于后胸围 1 cm。

（4）领结构可以在衣身上直接设计，然后以翻折线为对称轴进行结构制版。

（5）肩线吃势 0.5 cm。

（6）一片合体袖制版：后袖口收省道，省尖指向袖肘点方向。袖型更加符合手臂自然弯曲的特点。

波浪领西装外套版型结构设计，如图 8-11 至图 8-13 所示。

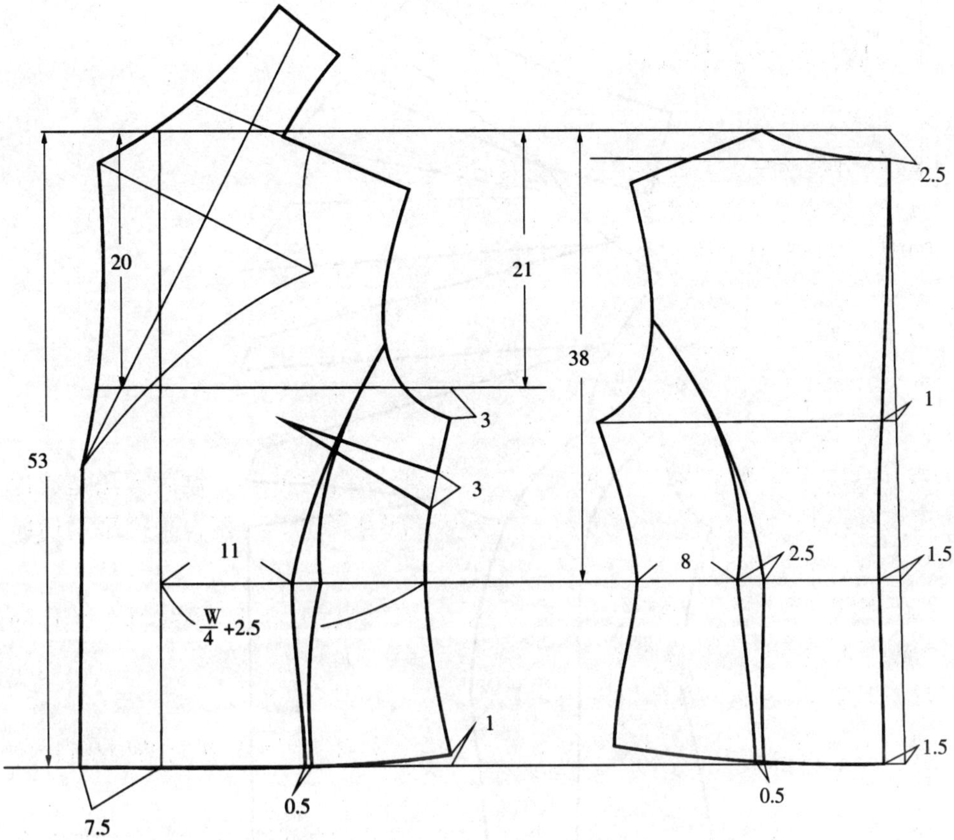

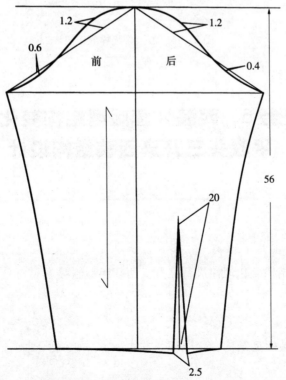

20

21

38

53

11

$\dfrac{W}{4}$+2.5

3

3

1

0.5

7.5

2.5

1

1.5

8

2.5

1.5

0.5

图 8－11　波浪领西装外套前后衣身制图

1.2

1.2

0.6

前

后

0.4

56

20

2.5

图 8－12　波浪领西装外套袖片制图

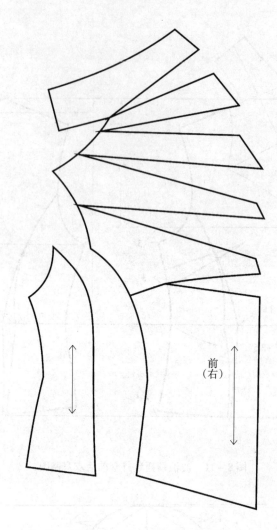

前
（右）

图 8 – 13　波浪领纸样剪切图

任务 5：西装外套版型结构变化：平驳头三开身西装结构设计

能力目标：

　　熟练运用西装结构变化规律进行三开身西装版型制版

知识目标：

　　掌握三开身西装版型结构变化原理及方法

一、三开身西装生产制单制版分析

依据广州汇驰时装有限公司提供的生产制造单（表8-2）进行工业制版的实践。

表8-2　广州汇驰时装有限公司生产制造单

款名	s-938#	品名	女西装	下单日期		主料名称		

	名称	单位	单用料	规格	实发	名称	单位	单用料	规格	实发
主要原辅料	拉链	条	1							
	纽扣	个	7							
	粘合衬	米	1							

工艺要求：领面要平整，袋要平顺，并左右对称，袖头要呈圆弧状，内外要平顺

规格尺寸（单位：cm）

规格　　部位	S	M	L	XL	XXL	备注
胸围	90	94	98	102	106	
腰围	72	75	78	81	84	
肩宽	36	37	38	39	40	
衣长	57	59	61	63	65	
袖长	11	12	13	14	15	

手工、烫部：

　　门襟钉3粒纽扣，每扣距10 cm，搭门开4 cm，其他按常规生产

尾整、包装：

设计		版师		制单		审核	

二、版型结构设计要点

1. 规格设计（表8-3）

表8-3 平驳领西装规格设计表　　　　　　　　　　　　单位：cm

号型	部位名称	衣长	胸围	肩宽	腰围	袖长	袖口
165/84A	成品尺寸	59	94	37	75	50	26

2. 结构设计

（1）确定衣身基本框架（B=100，SW=37，WL=38）。

（2）以领子制版步骤举例：

①确定驳点位置。

a. 驳点上下定位理论上可自由设计，一般二粒扣驳点在WL线附近，三粒扣驳点在WL线上10 cm左右，一粒扣驳点在WL线下10 cm左右。

b. 驳点左右定位由搭门量决定，单排扣搭门宽根据服装的种类和纽扣的大小决定。一般衬衣为1.7～2 cm，上衣为2～2.5 cm，大衣为3～4 cm。

c. 双排扣搭门由个人爱好和款式来决定。一般衬衣为5～7 cm，上衣为6～8 cm，大衣为8～10 cm。

②确定驳口基点位置。

③确定驳口线。

④确定串口线位置。

⑤画出驳头。串口线位置的高低和倾斜的角度理论上可自由设计，但常规八字领一般是这样定位：由前领深的1/2和前颈点相连成斜线并延长；作一条线与串口线平行，并令其距离等于8 cm，得到A点；连接A点和驳点成直线，将其修正为弧线，得到驳头。

⑥根据后领弧长、底领宽、翻领宽及翻领度画出后领形状。

平驳领西装版型结构设计，如图8-14至图8-19所示。

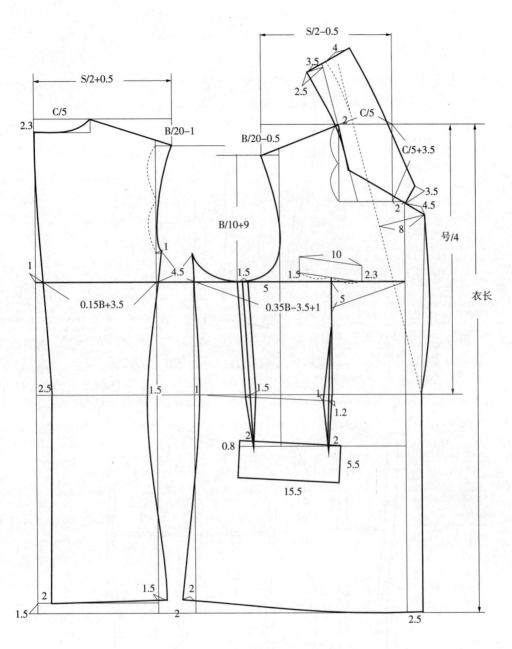

图8-14　平驳领西装前后衣身制图

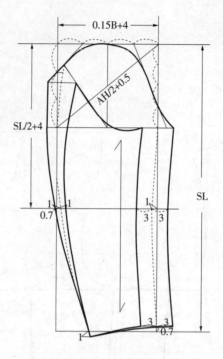

图 8 - 15　平驳领西装大小袖制图

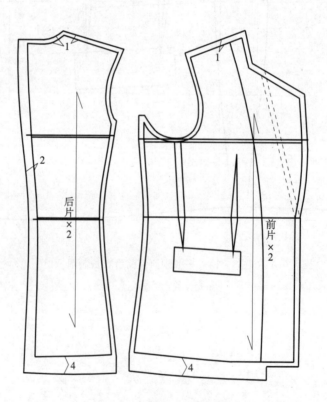

图 8 - 16　平驳领西装前后片放缝图

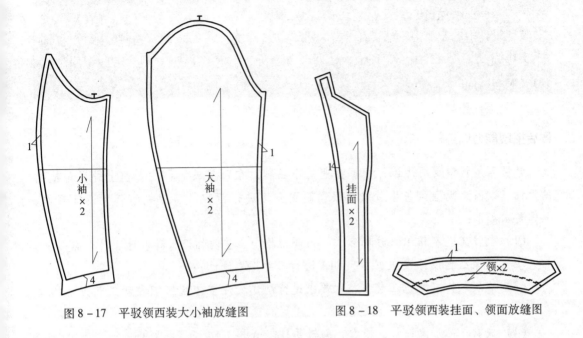

图 8-17　平驳领西装大小袖放缝图　　　图 8-18　平驳领西装挂面、领面放缝图

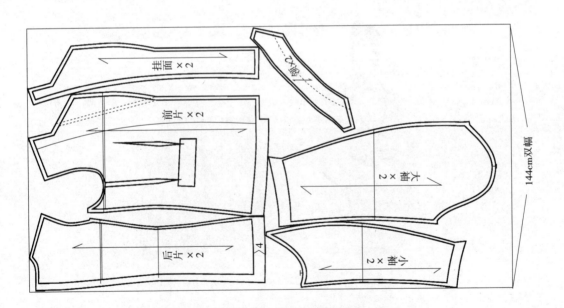

图 8-19　平驳领西装排料图

项目小结

　　本专题项目通过介绍女西装外套版型结构，揭示了服装外套结构设计在整个女装版型设计中的重要性。服装版型结构设计讲究"艺工结合"，学习过程中应反复动手实践练习，灵活运用所学理论，使西装外套细部和整体造型达到造型线干净、简洁、流畅的标准。

课后拓展能力训练

　　掌握西装版型制图知识，根据企业对应品牌，在西装款式结构处理上进行新款式的设计。以西装版型为基本款式，根据制图方法进行西装时装款式的版型设计制作。具体要求如下：

　　（1）制作工艺制作单（注明款式、尺码规格、工艺明细设计和设计面料小样）；

　　（2）版型结构设计（根据 165/84A 进行尺寸规格设计）；

　　（3）成衣制作（根据工艺单技术要求进行制作，注重传统工艺和新工艺方法的结合）；

　　（4）成衣作品形象设计、摄像、编辑并打印输出（A4 纸张排版）。

　　参考款式如图 8-20 所示。

图 8-20　参考款式

实训项目九： 大衣结构与版型设计

大衣，是指穿在最外层的服装的总称，包括大衣、风衣及披风等。这类服装具有防寒、防风雨、防尘及装饰等多种用途。

任务 1：大衣分类与基本版型绘制

能力目标：

1. 能够熟练进行基础风衣大衣的版型结构绘制
2. 能够根据风衣大衣结构设计原理，熟练进行版型设计和变化的应用

知识目标：

1. 掌握大衣的分类与基本结构原理
2. 掌握大衣基础版型的分割与施褶原理的应用
3. 掌握风衣、大衣的综合变化与应用

一、大衣的发展及款式特点

大衣作为一种外套的形式，早在 16 世纪欧洲就已经普及，但由于那个时期的女装造型都较夸张，外出时穿用的外套主要还是以披肩式的斗篷版型为主。到了 19 世纪，女装才开始出现模仿男装外套的翻领大衣。现代的大衣版型主要就是传承了这种风格。二次世界大战以后，大衣已经成了女性外出时必不可少的正式服装。大衣由于衣身版型比较宽大，和其他版型相比，它更加注重的是整体的造型美和面料的风格美。

风衣的设计多为单排扣，少数为双排扣。不过这些纽扣只是简单的装饰品。风衣的成品款式可分为两大类型，一种是直线剪裁，穿起来呈现垂直版型特点；另一种是A 字形（伞形）。风衣的款式变化丰富，主要表现为长、中、短式风衣，短式风衣实用美观。宽松式、合体式、立领、西装领、两用领及连帽领应用较广。在造型设计中，风衣的长度也是版型设计的重点，风衣的长度要与穿着者的身高相符。其次，肩部的规格尺寸也是版型要素，这是保证风衣肩袖造型美观的重要因素。如果身高不够高挑的女士，在选择版型上应该以直线裁剪的风衣为主，而且长度不宜超过膝盖，如此进行版型设计会让穿着者显得高一些。

二、大衣的基本种类

1. 大衣基本衣长的设计与变化

大衣基本的衣长变化一般包括超短大衣、短大衣、中长大衣、长大衣、超长大衣等形式，如图9-1所示。

（1）超短大衣

超短大衣是指衣长在大腿中部以上的大衣。如果单方面从衣长来看，这种超短大衣可选用大衣类呢绒面料，由于衣长较短，作为冬季大衣穿既实用又轻便。

（2）短大衣

短大衣是指衣长在大腿中部的大衣，是比较轻便的大衣风格。

（3）中长大衣

中长大衣是衣长在膝盖附近的大衣，这也是大衣基本型的标准长度。

（4）长大衣

长大衣是指衣长在小腿附近的大衣，冬季穿着既保暖又具有装饰性。

（5）超长大衣

超长大衣是指衣长至踝关节的全长大衣，这种大衣虽然很保暖，但在穿着上不是很便利。

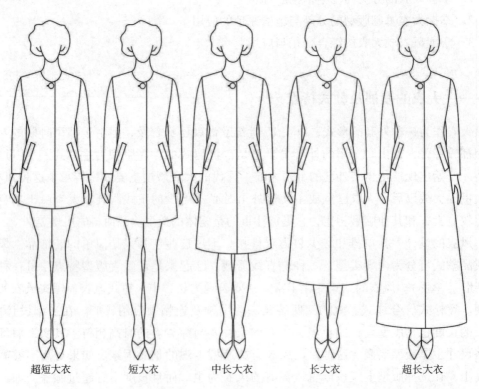

超短大衣　　　　短大衣　　　　中长大衣　　　　长大衣　　　　超长大衣

图9-1　大衣基本衣长变化

2. 大衣廓型设计

大衣的轮廓按衣身合体度的不同分为 A 型大衣、筒型大衣、合体型大衣、X 型大衣，如图 9-2 所示。

（1）A 型大衣

A 型大衣是指宽下摆的大衣，这类大衣由于底摆较宽，所以衣长不宜太长，以不超过膝盖为宜。

（2）筒型大衣

筒型大衣是指直筒型的大衣，由于底摆较窄，此类大衣以中短造型为主。

（3）合体型大衣

贴身型大衣也是大衣的基本型轮廓，适当收腰放缝。衣长可作多种变化，是女装大衣普遍采用的造型。

（4）X 型大衣

X 型大衣是利用各种公主线结构进行收腰和放下摆的大衣。此类大衣适合体型较好的女性穿着。

A型大衣　　　　筒型大衣　　　　合体型大衣　　　　X型大衣

图 9-2　大衣廓型变化

二、大衣基本版型结构设计要求

1. 胸围规格的设计加放

（1）贴身版型大衣胸围放松量在 10 cm 左右。

（2）合体型大衣胸围松量在 14～18 cm 之间，这是适合于春秋季节穿用的大衣。

（3）较宽松大衣胸围松量在 22～26 cm 之间，这是适合于冬季穿用的大衣。

（4）宽松型大衣胸围放松量在 30 cm 以上。

2. 袖窿深的版型设计

大衣的胸围放松量如果超过了 20 cm，袖窿深的下落量要适当增加。

3. 袖子袖山高的版型设计

因大衣的袖窿尺寸较大，为了使袖型更加立体和美观，合体的大衣袖采用 AH/3 + 1 cm，宽松大衣袖山高采用 AH/3。

三、基本款大衣（两用翻领大衣）结构设计

1. 成衣款式图（图 9 – 3）

图 9 – 3　两用翻领大衣款式图

2. 基本结构款式特征

图 9 – 3 所示大衣是一款春秋季节的中长款大衣。衣长稍过膝盖，衣身为四片版型结构，适当地收腰和放摆。前衣身斜插袋设计，两用翻领。袖子为两片袖，后袖口开衩并钉三粒装饰扣。止口、省缝加明线。

3. 成品各部位规格（表 9 – 1）

表 9 – 1 两用翻领大衣成品规格表

单位：cm

号型	部位名称	衣长	胸围	肩宽	袖长	袖口
165/60A	部位代号	L	B	SW	SL	
	成品尺寸	95	104	40	56	28

4. 制版步骤及要点

（1）前后衣片制图，如图 9 – 4 所示。

①大衣长：按照成衣规格衣长尺寸绘制 95 cm。

②前后领线：前后领宽和领深分别比外套加大 1～2 cm。划顺前后领窝弧线。

③前后肩斜线：SW/10，后肩端点版型设计加垫肩提升 1 cm。

④前后肩宽：SW/2。

⑤前后袖窿：前后袖窿深度按照外套加大 3～4 cm。

⑥后中缝：按照人体背部曲线重新连线修整。

⑦前后侧缝：前后分别收腰，下摆分别放出 6 cm 和 5 cm，然后分别连接圆顺。

⑧前搭门宽：2.5～2.8 cm。

⑨插袋位置：胸宽线向下作垂线，再从腰线下落 5 cm，袋口与侧缝线平行。

⑩纽扣位置：纽扣之间的扣距为 10～12 cm。

（2）袖子制图，如图 9 – 5 所示。

①袖长：按成衣规格尺寸设计为 55 cm。

②袖山高：按 AH/3。

③前后袖山斜线：AH/2 – 0.5。

④袖口宽：袖口/2，后袖口向下低落 1.5 cm，并且袖口宽线要取同袖侧缝直角。

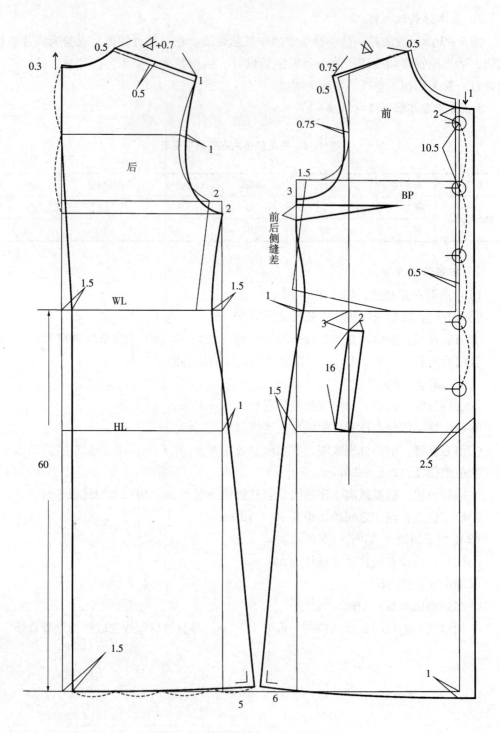

后

前

BP

前后侧缝差

0.3

0.5

+0.7

0.5

1

1

2

2

1.5

1.5

WL

HL

60

1

1.5

0.5

0.75

0.5

0.75

1.5

3

1

1.5

3

2

16

0.5

1

2

10.5

2.5

1

5

6

图 9-4　两用翻领大衣前后衣片制图

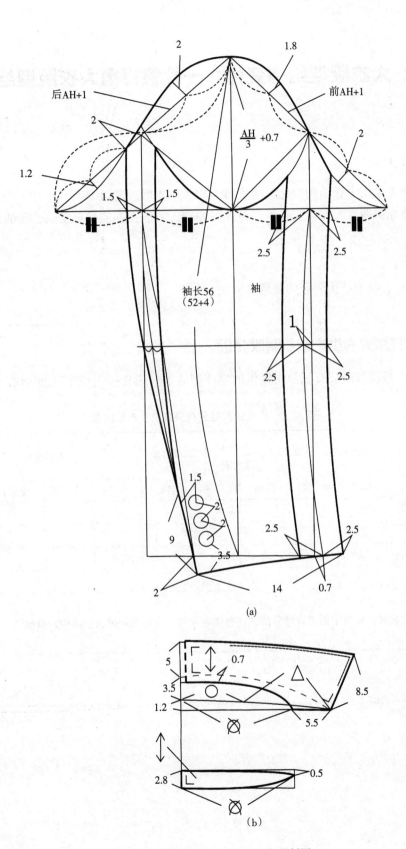

2   1.8

后AH+1   前AH+1

2    $\dfrac{AH}{3}$ +0.7   2

1.2

1.5   1.5

2.5   2.5

袖长56
（52+4）   袖

1

2.5   2.5

1.5

2

2

9   3.5

2.5   2.5

2   14   0.7

(a)

5   0.7

3.5

1.2   8.5

5.5

2.8   0.5

（b）

图9-5 两用翻领大衣袖子、领子制图

任务2: 大衣版型结构变化: 一片领打褶大衣版型结构设计

能力目标:

1. 熟练运用大衣结构变化规律进行大衣、风衣版型制版
2. 熟练掌握大衣变化款式纸样设计的原理、方法, 并能举一反三, 灵活运用

知识目标:

掌握大衣版型结构制版的步骤及方法

一、打褶大衣生产制单制版分析

依据广州伊都时装有限公司提供的生产制造单 (表9-2) 进行工业制版的实践。

表9-2 广州伊都时装有限公司生产制造单

款名	s-938#		品名		一片领打褶大衣	下单日期			主料名称		
主要原辅料	名称	单位	单用料	规格	实发	名称	单位	单用料	规格	实发
	拉链	条	1							
	纽扣	个	9							
	粘合衬	米	1							
一片式翻领, 衣身采用刀背缝分割, 在臀围处分割, 采用两片袖版型结构, 有袖衩										

规格\部位	S	M	L	XL	XXL	备注
胸围	86	90	94	98	102	
腰围	72	75	78	81	84	
肩宽	37	38	39	40	41	
衣长	76	78	80	82	84	
袖长	58	59	60	61	62	
袖口	24	25	26	27	28	
胸围						
肩宽						
背宽						
袖口						

规格尺寸（单位：cm）

手工、烫部： 门襟钉 5 粒纽扣，每扣距 12 cm，搭门开 4 cm，其他按常规生产	尾整、包装：

设计		版师		制单		审核	

113

二、结构制版

一片领打褶大衣版型结构设计，如图 9-6 至图 9-12 所示。

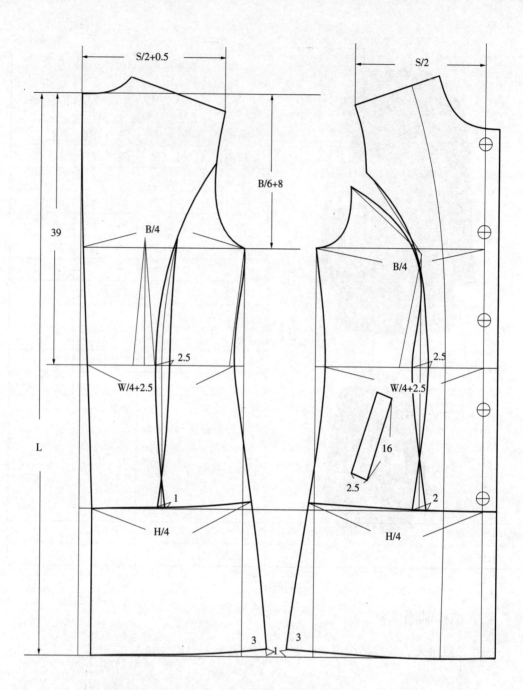

S/2+0.5

S/2

B/6+8

39

B/4

B/4

2.5

2.5

W/4+2.5

W/4+2.5

16

2.5

L

1

2

H/4

H/4

3

3

图 9-6　一片领打褶大衣前后衣身制图

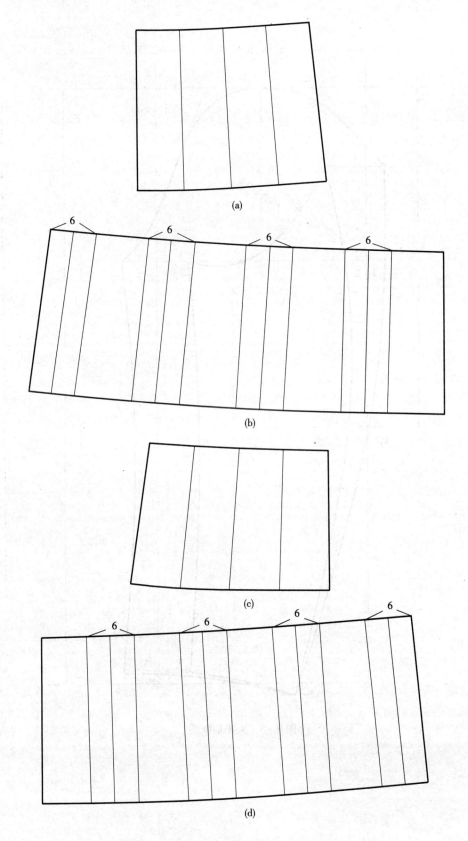

图 9 - 7　前后衣身下摆切展制图

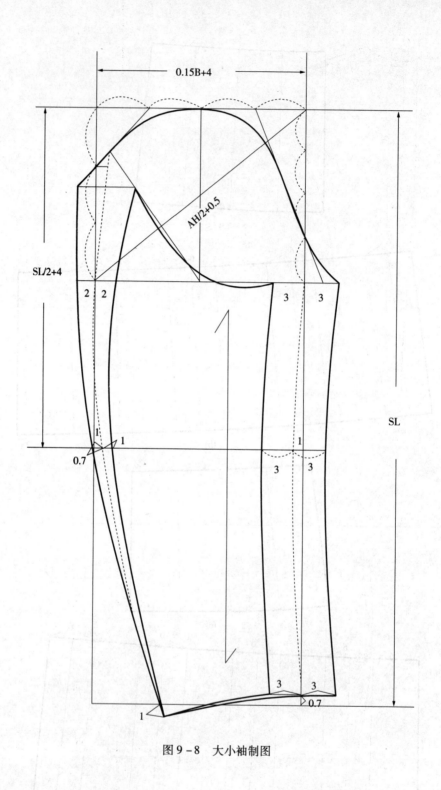

图9-8 大小袖制图

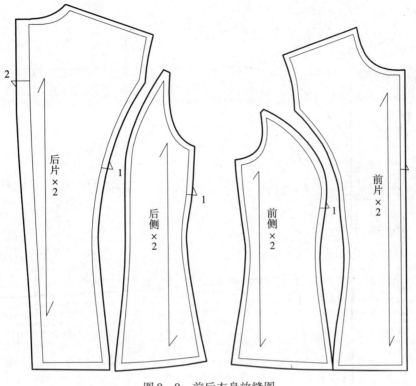

图9-9 前后衣身放缝图

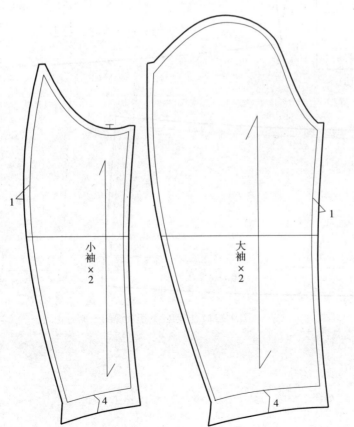

图9-10 大小袖放缝图

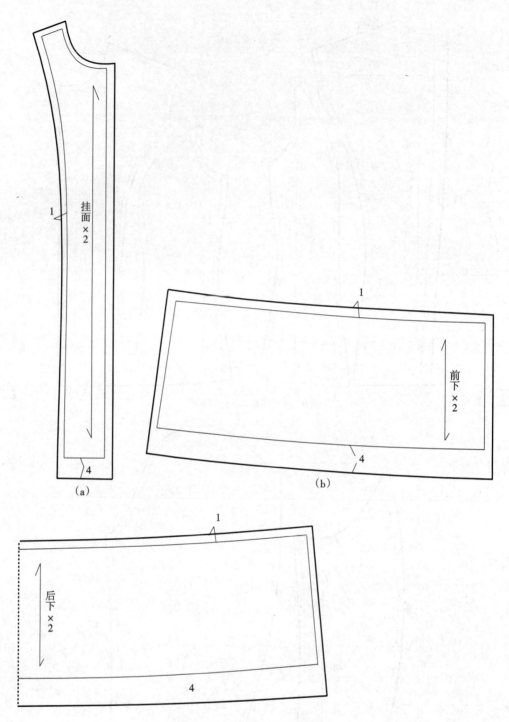

挂面×2

1

4

（a）

1

前下×2

4

（b）

1

后下×2

4

图9–11　挂面、下摆放缝图

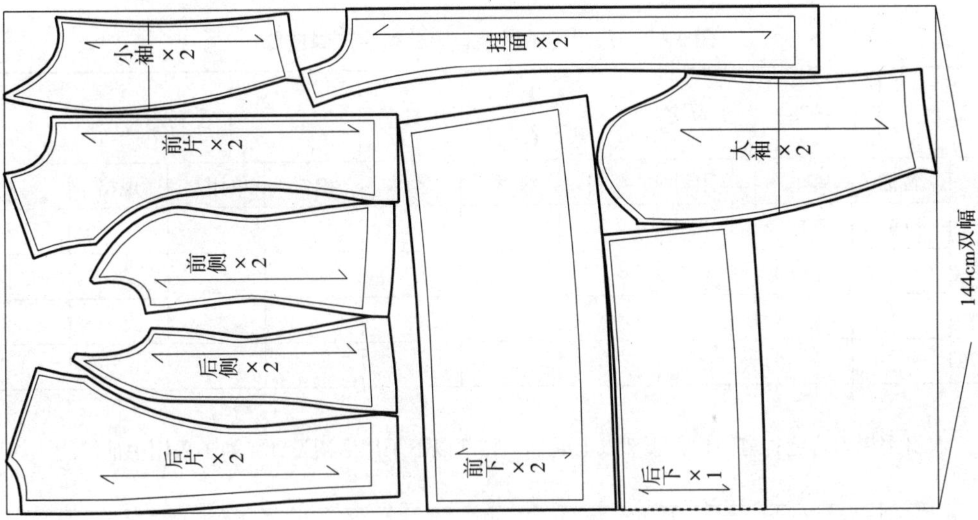

图 9-12　排料图

任务 3：大衣版型结构变化：中袖无领大衣版型结构设计

能力目标：

1. 熟练运用大衣结构变化规律进行时装大衣版型制版
2. 熟练掌握大衣变化款式纸样设计的原理及方法，并能举一反三，灵活运用

知识目标：

掌握大衣版型结构制版的步骤及方法

一、中袖无领大衣生产制单制版分析

依据广州汇驰时装有限公司提供的生产制造单（表 9-3）进行工业制版的实践。

图9－3　广州汇驰时装有限公司生产制造单

款名	s－938#	品名	中袖无领大衣	下单日期		主料名称		

	名称	单位	单用料	规格	实发	名称	单位	单用料	规格	实发
主要原辅料	拉链	条	1							
	粘合衬	米	1							

衣身采用刀背缝省道结构，腰部以上缝合，腰部以下采用活褶设计，袖子采用中袖结构

规格尺寸（单位：cm）						
规格\部位	S	M	L	XL	XXL	备注
肩宽	35.5	36.5	37.5	38.5		
衣长	80	84	88	92		
胸围	86	90	94	98		
腰围	72	76	80	54		
摆围	166	170	174	178		
袖长	40	41	42	43		
袖口	26	27	28	29		

手工、烫部：	尾整、包装：
门襟钉 3 粒纽扣，每扣距 10 cm，搭门开 4 cm，其他按常规生产	

设计		版师		制单		审核	

二、版型结构设计要点

1. 前片领宽和领深依照生产制造单款式特点进行加大尺寸的设计。

2. 从袖隆公主线起始点开始进行加省处理,运用剪切纸样方式平行拉出 10 cm 省量。

3. 大衣下摆分别往两边重叠加摆量 5 cm。

中袖无领大衣版型结构设计,如图 9 – 13 至图 9 – 19 所示。

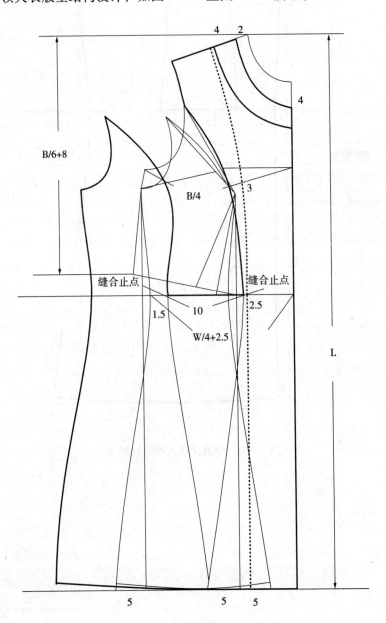

图 9 – 13　中袖无领大衣前片制图

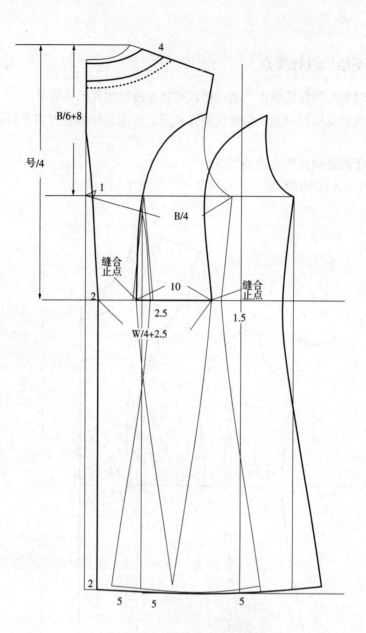

B/6+8

号/4

4

1

B/4

缝合
止点

2

10

缝合
止点

2.5

1.5

W/4+2.5

2

5

5

5

图9－14　中袖无领大衣后片制图

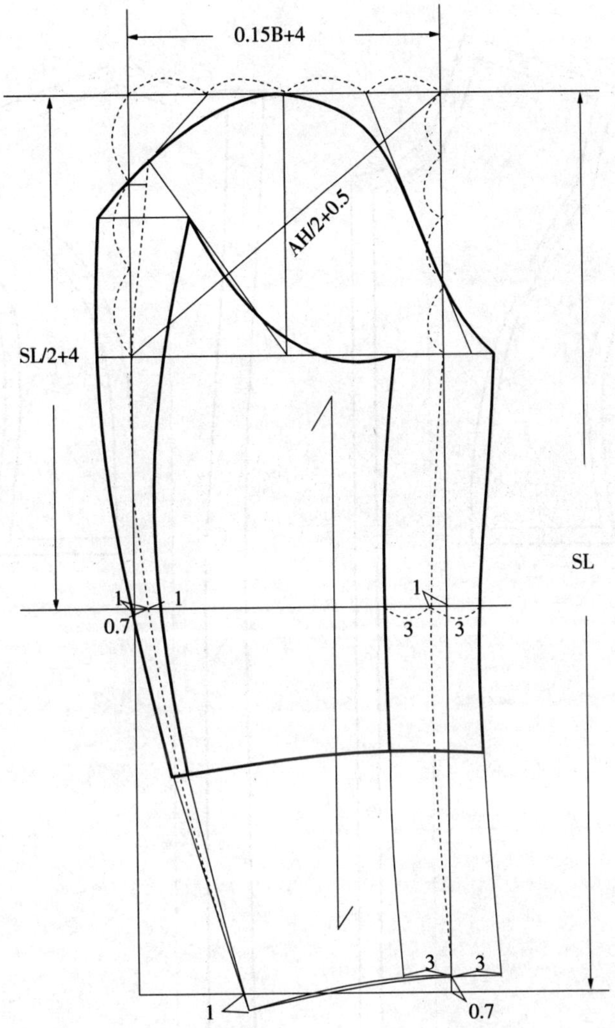

0.15B+4

AH/2+0.5

SL/2+4

SL

1 1

0.7

1

3 3

3 3

1

0.7

图 9－15　中袖无领大衣大小袖制图

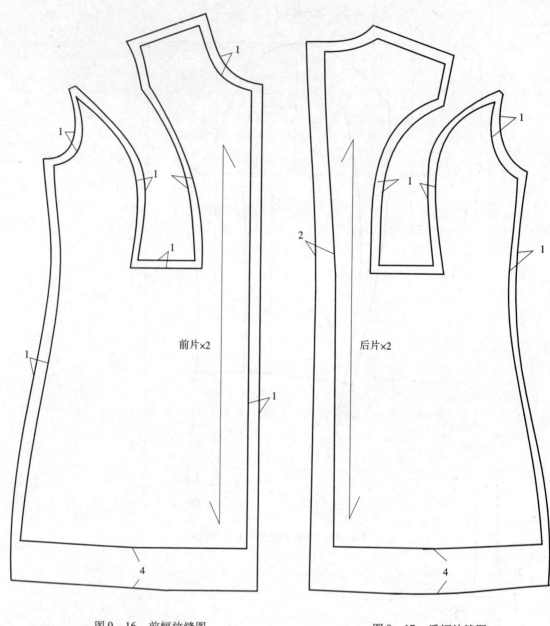

前片×2

后片×2

图 9 – 16　前幅放缝图

图 9 – 17　后幅放缝图

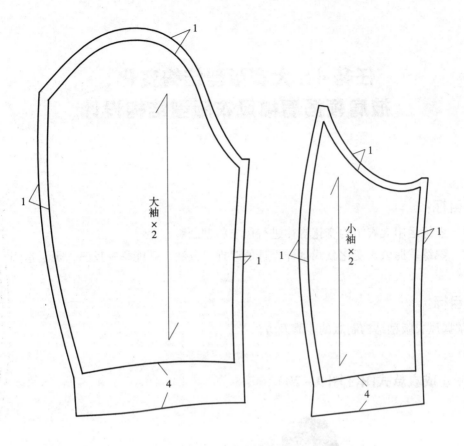

图 9-18　大小袖放缝图

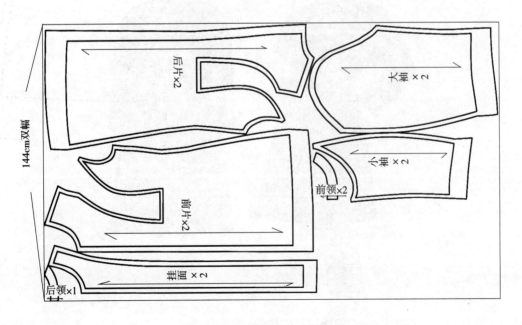

图 9-19　中袖无领大衣排料图

任务4：大衣版型结构变化：
披肩领插肩袖风衣版型结构设计

能力目标：

1. 熟练运用大衣结构变化规律进行风衣版型制版
2. 熟练掌握风衣变化款式纸样设计的原理、方法，并能举一反三，灵活运用

知识目标：

掌握风衣版型结构制版的步骤及方法

一、成衣款式图（图9-20）

图9-20　披肩领插肩袖风衣款式图

二、成品各部位规格（表9-4）

图9-4　披肩领插肩袖风衣规格表

单位：cm

号型	部位名称	衣长	胸围	肩宽	袖长	袖口
165/60A	部位代号	L	B	SW	SL	
	成品尺寸	98	114	42	56	28

三、版型结构设计要点

1. 版型设计特点

此版型是一款宽松的具有很好的防风防寒功能的披肩插肩袖中长外套。衣长设计稍过膝盖，梯形轮廓，腰部系腰带。衣身版型设计为三片结构。肩部加圆头的垫肩，领子为圆角翻领。前胸及肩背部做披肩，门襟靠近领口做一粒明扣，披肩可以通过它来固定。前两侧做明插袋，袖子为半插肩袖。

2. 版型结构设计

（1）前后胸围松量：加放松量30～35 cm。

（2）前后侧缝：分别放摆12 cm和10 cm，划顺前侧缝长按后侧缝长定位。

（3）扣位：上扣距离领窝2 cm，其他扣距离领窝12 cm。

（4）前插肩袖：前肩线延长3.5 cm；再分别作10 cm长水平线和垂线画出三角形。

（5）后插肩袖：后肩线长按前肩线长，'确定等边三角形，再按制图划顺袖缝。

（6）前披肩：长度由前领窝往下30 cm，再由前止口偏进4 cm，在袖山线处向外加宽3 cm，再划顺下摆。

（7）后披肩：长度33 cm，在袖山线处向外加宽2.5 cm，然后分别划顺披肩下摆。

披育领插肩袖风衣版型结构设计，如图9-21至图9-23所示。

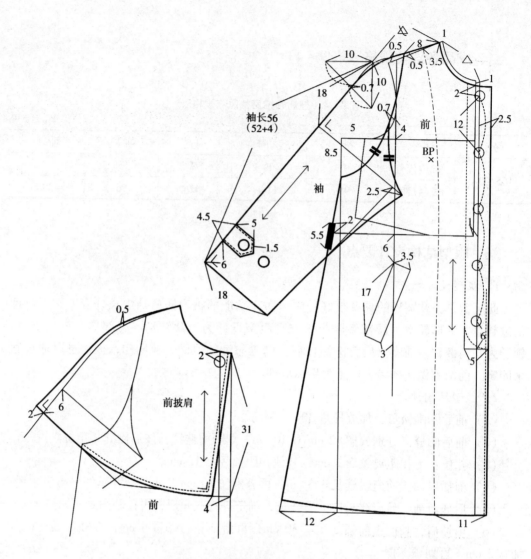

袖长56
（52+4）

图9-21 披肩领插肩袖风衣前衣身制图

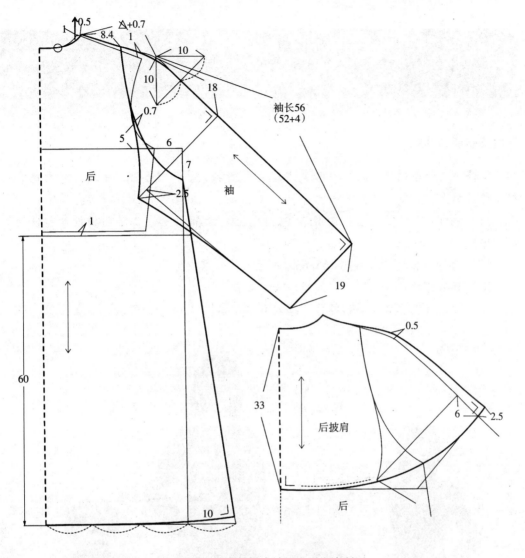

图 9 – 22　披肩领插肩袖风衣后衣身制图

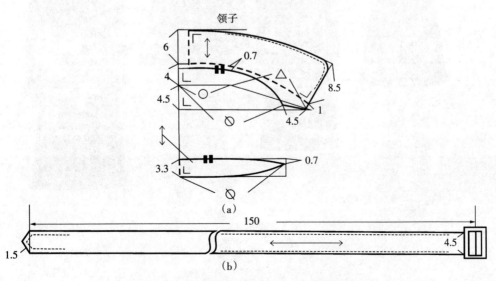

图 9 – 23　披肩领插肩袖风衣领子、腰带制图

项目小结

　　本专题项目首先介绍了大衣风衣结构设计的基础知识和原理。可掌握大衣的分类，各部位结构设计特点。最后可掌握大衣风衣的结构变化设计原理和应用。

课后拓展能力训练

　　掌握大衣版型知识，根据参考款式，运用所学版型制图方法，完成时装大衣的版型设计与制作。具体要求如下：

　　（1）制作时装裤工业生产制造单（注明款式、尺码规格、工艺明细设计和设计面料小样）；

　　（2）版型结构设计（根据 165/68A 进行尺寸规格设计）；

　　（3）成衣制作；

　　（4）成衣作品形象设计、摄像、编辑并打印输出（A4 纸张排版）。

　　参考款式如图 9-24 所示。

图 9-24　参考款式

实训项目十： 礼服结构与版型设计

礼服是指出席某些宴会、舞会、联谊会及社交活动，以及举行某些仪式时所穿着的服装。礼服从礼仪形式上可分为正式礼服和非正式礼服，正式礼服包括婚礼服、典礼礼服等，非正式礼服包括晚装、生日装、舞会服等。现在市场主要产品为婚礼服和晚装两大类。婚礼服产品借鉴了欧式婚礼服的特点，以婚纱形式为主；晚装流行形式日趋生活化，在简洁的外形上加入一些精致的装饰形成晚装的主流特色。

任务1： 礼服分类与基本版型绘制

能力目标：

1. 熟练运用礼服的结构特点及应用原理进行制版
2. 能够熟练分析款式图并进行平面结构制版

知识目标：

1. 掌握礼服的分类
2. 掌握礼服衣身及袖子领子的版型结构绘制

一、礼服的分类

1. 按礼服穿着的场合分类

正式礼服：指出席正式的礼仪活动时穿用的服装，包括晚礼服、婚礼服等。不同类型的正式礼服无论在款式还是在着装上都有一定的要求，整体上要显得庄重得体。

非正式礼服：指在一些半正式的场合穿用的礼服。与正式礼服相比较，更具时尚性和流行性。

2. 按礼服用途分类

婚礼服：亦称婚纱，是指新娘在结婚仪式上穿用的服装。婚纱的颜色是以白色为主的，它象征新娘的纯洁和婚礼的神圣。婚纱的版型设计多是有夸张下摆的拖地长连衣裙形式。结构设计上更简约和时尚。婚礼服除了婚纱外还有一系列的服饰品，包括头饰、手套、鞋子以及首饰等。

晚礼服：指出席晚间正式宴会、酒会、舞会及晚会等场合穿用的服装。这类场合虽然比较庄重，但是也具有娱乐性、社交性和礼仪性。因此，晚礼服版型设计注重装饰性和个性化，它是最能体现女性优美体型和魅力的服饰。

午后礼服：指白天穿着的礼服。白天发生的一些活动，例如会客、庆典、宴会等活动，一般都是在下午进行。所以参加此类活动的服装就称为午后礼服。午后礼服在版型上主要有连衣裙和套装结构。作为白天穿着的礼服，领口不适宜开得太大，衣身结构中的褶裥、花边刺绣等装饰，应更加能衬托此类服饰的豪华和美感。

职业礼服：指职业女性在职场上穿的具有庄重感的礼服。例如空姐礼服、酒店礼服、银行礼服等。此类服装版型设计多以西装裙套装为主。

二、礼服的版型设计与变化

现代婚礼服的造型变化丰富，但是其中最基本的造型轮廓主要有 A 型和钟型。

1. A 型连腰轮廓婚礼服

A 型连腰轮廓婚礼服是以连腰版型结构做出的 A 型造型的婚礼服。衣身为公主线结构，上身贴体版型，下摆由腰线往下展开呈现 A 型轮廓。

2. 钟型接腰轮廓婚礼服

钟型接腰轮廓婚礼服的接腰版型结构可分为自然腰线和低腰线两种。裙子部分在腰口处做褶，可以使裙身立即向外展开成钟型轮廓。如果穿着此种版型的婚礼服，还需要在接线以下配合穿着裙撑，以衬托裙身整体造型。

三、礼服基本版型结构设计原理

1. 礼服裙长的确定

午后礼服：一般可在膝盖上下做规格设计。

晚礼服：以全长连衣裙做规格设计。

婚礼服：通常传统的婚礼服底摆不宜露出鞋子，腰节以下的裙长会超出腰节高。一般可以按照腰节高加鞋子后跟高度做规格设计。

2. 胸围放松量设计

无肩式婚礼服：胸围放松量加放 2 cm。

吊带式婚礼服：胸围放松量加放 3 cm。

半袖式婚礼服：胸围放松量加放 4 cm。

长袖式婚礼服：胸围放松量加放 6～8 cm。

四、无肩式公主线礼服（基本款）结构设计

1. 成衣款式图（图 10 - 1）

2. 款式特征

此款无肩式公主线婚礼服属于全长连衣裙，为 X 型轮廓，裙身为七片版型结构。无肩，前胸为平口线，后中缝开口，装隐形拉链。面料可以选用有质感和膨胀感的丝绸、塔夫绸、锦缎及丝质化纤面料等。

图 10-1　无肩式公主线礼服款式图

3．成品各部位规格（表 10-1）

表 10-1　无肩式公主线礼服成品规格表

单位：cm

号型	部位名称	衣长	胸围	肩宽
165/84A	成品尺寸	135	86	37

4．制版步骤及要点

礼服基本版型结构制图步骤及要点，如图 10-2 所示。

（1）裙长：135 cm，确定上平线和下平线。

（2）前胸上口线：前上口线按胸宽横线，前后侧缝分别较胸围线上提，后中心线平胸围线。

（3）腰节线：由自然腰节往上提高 1.5 cm。

（4）胸围宽：B/4。

（5）腰围松量：腰围做前后差。

（6）臀围放松量加放：规格尺寸按照 6 cm 放松量规格设计。前后分别加放 1.5 cm 松量。

（7）前后侧缝下摆宽：分别加放 15 cm，然后分别与前后腰宽处连直线。

（8）前后公主线：先画出上衣腰省，然后按腰省中线的垂线分别画出公主线在裙长线上的左右重叠量。

（9）后中缝下摆：放下摆 14 cm，再与后腰连接直线，后中缝裙长在基础上可以再延长 18 cm 裙摆。

（10）裙摆弧线：整个裙摆要在纸样上完成，把前后裙摆纸样拼接在一起进行整体的修正。

（11）裙撑：婚礼服夸张的裙摆造型完全是靠裙撑衬托出来的，此款裙撑的版型是根据公主线婚礼服的裙子部分造型而制版。

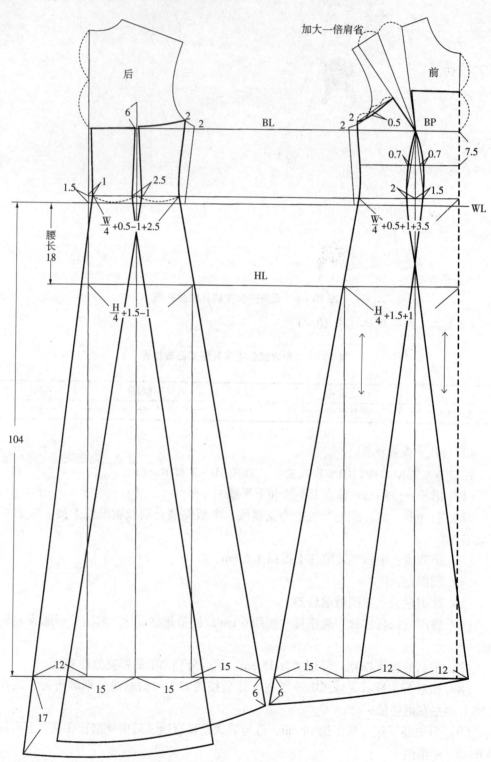

图 10－2　无肩式公主线礼服制图

任务 2：礼服版型结构变化：
无肩式 V 字形低腰婚礼服结构设计

能力目标：

熟练运用礼服衣身结构变化规律进行礼服变化版型制版

知识目标：

掌握礼服版型结构变化原理及方法

一、成衣款式图（图 10 - 3）

图 10 - 3　无肩式 V 字形低腰婚礼服

二、版型结构设计要点

（1）前后 V 字形低腰线：前后中心分别由自然腰线下落 10 cm，前后侧缝下落 4 cm，然后分别连线并划圆顺。

（2）前片胸上口线：由胸围线向上3 cm分别与前后侧缝线处划顺，后中心线平胸围线划顺。

（3）前后公主线结构设计：前公主线在前肩部和腰部画出，后公主线在后腰省位置画出。

（4）前后裙宽：上侧缝处按腰宽加2～3倍褶量放出，再把裙片按照三等分分别展开下摆26 cm。

无肩式V字形低腰礼服版型结构设计，如图10-4、图10-5所示。

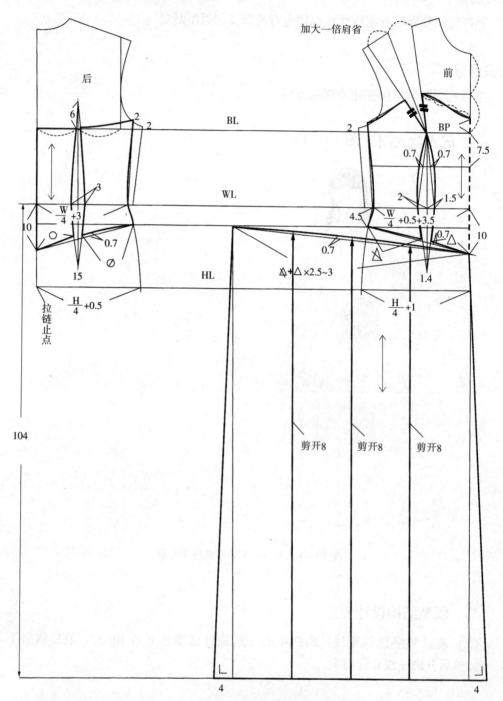

图10-4 无肩式V字形低腰婚礼服制图

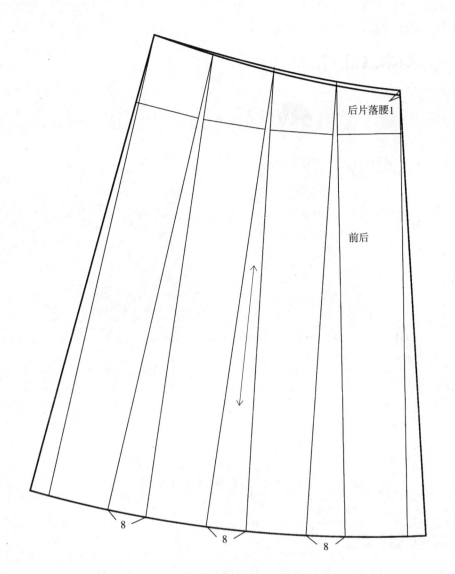

后片落腰1

前后

8

8

8

图 10 - 5　无肩式 V 字形低腰婚礼服裙摆切展制图

任务 3：礼服版型结构变化：午后低腰塔褶礼服结构设计

能力目标：

1. 熟练运用礼服衣身结构变化规律进行午后礼服结构变化。

2. 熟练掌握礼服变化款式纸样设计的原理、方法，并能举一反三，灵活运用

知识目标：

掌握日装礼服版型结构变化原理及方法

一、成衣款式图（图 10 - 6）

图 10 - 6　午后低腰塔褶礼服款式图

二、款式特点

　　此款日常小礼服由三部分构成：衣身部分由低腰的公主线结构上衣组成；肩部为半肩半袖的版型结构造型，并在成衣工艺拼接中抽褶；腰围线以下版型设计为三层褶裙。后中线缝开口设计并装隐形拉链。

三、版型结构设计要点

1．衣身版型设计

前领口：领子加宽 6 cm 与 BP 点连线，前胸口线由胸围线提高 5 cm。

前绱袖对位点：由胸围线往上 4 cm 绘制。

前接袖缝宽：由前袖窿对位点，与前胸口宽处连线定出。

前上口线修正：根据上口要做出服帖的效果，在上口线做省 1.5 cm，然后同前腋下省一同转移至公主结构线中。

2. 包肩版型结构

前肩线作等腰三角形，然后按插肩袖方法画出前包肩结构。前后包肩在接缝线处分三等份切展开褶量，使肩线与袖山形成一条直线，前后包肩拼合成一片式结构。

午后低腰塔褶礼服版型结构设计，如图 10 – 7、图 10 – 8 所示。

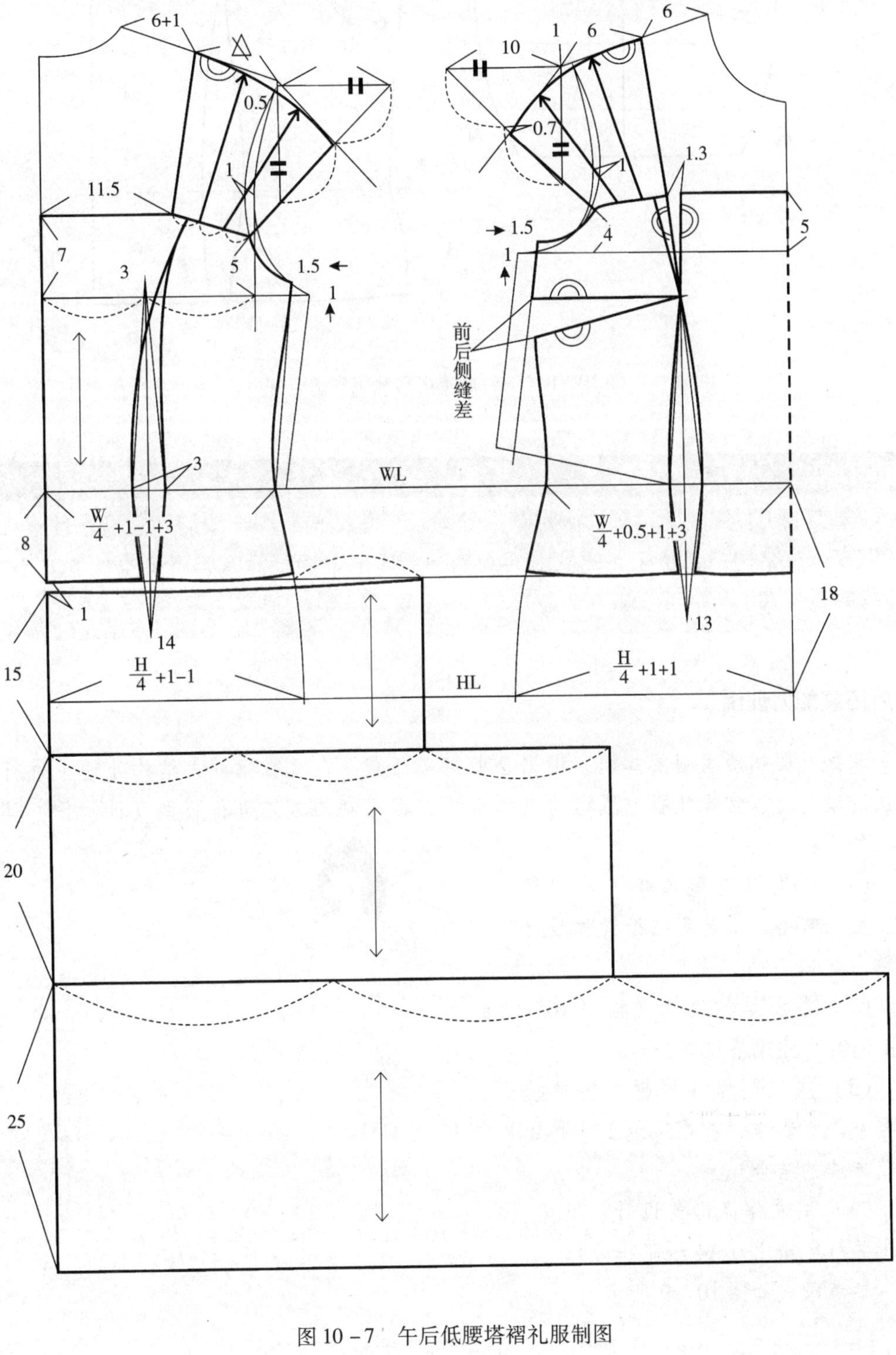

图 10 – 7 午后低腰塔褶礼服制图

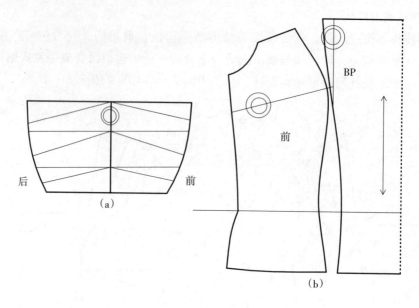

（a）

（b）

图 10 - 8 午后低腰塔褶礼服省道合并

项目小结

本专题项目主要介绍了礼服裙基本款式及变化结构制图，技能性、操作性很强，所以在款式结构特点设计部分是由简到繁、循序渐进逐渐深入，以突出礼服基本款应用的重要性。

课后拓展能力训练

掌握礼服裙版型制图知识，根据企业对应品牌，在礼服裙款式结构处理上进行新款式的设计。以常规礼服裙版型为基本款式，根据制图方法进行版型设计制作。具体要求如下：

（1）制作工艺制造单（注明款式、尺码规格、工艺明细设计和设计面料小样）；

（2）版型结构设计（根据 165/84A 进行尺寸规格设计）；

（3）成衣制作（根据工艺单技术要求进行制作，注重传统工艺和新工艺方法的结合）；

（4）成衣作品形象设计、摄像、编辑并打印输出（A4 纸张排版）

参考款式如图 10 - 9 所示。

图 10 - 9 参考款式

参考文献

［1］（日）文化服装学院．服装造型讲座 2：裙子、裤［M］．张祖芳，等译．上海：东华大学出版社，2004．

［2］（日）文化服装学院．服装造型讲座 3：女衬衫、连衣裙［M］．张祖芳，等译．上海：东华大学出版社，2004．

［3］张文斌．服装结构设计［M］．北京：中国纺织出版社，2006．

［4］刘瑞璞．服装纸样设计原理与应用［M］．北京：中国纺织出版社，2006．

［5］胡越，赵铁群．服装款式设计与版型实用手册［M］．上海：东华大学出版社，2005．

［6］孙进辉，李军．女装成衣设计实务［M］．北京：中国纺织出版社，2007．